翻开此书，

打开一个全新世界

记忆高手

MEMORY MASTER

林少波

著

过目不忘的策略与技巧

中国纺织出版社有限公司

内 容 提 要

记忆是学习的基础，若缺少记忆，学习就如无源之水、无本之木。几乎人人都懂得这个道理，却少有人真正去解决这个问题，他们往往把问题归结于自己太笨或是不够努力。其实，记忆是要讲求方法的，死记硬背是其中效率最低的一种。人脑天生就更容易记忆形象的图像，而不擅长记忆抽象的文字。许多高效的记忆方法正是基于此被开发出来的。

本书为有记忆困扰的读者提供了一些经过验证的、可以提高记忆效率的方法，如联想配对法、锁链及电影串联法、图像定桩法和记忆宫殿法等。一边了解原理，一边跟着本书的案例进行训练，相信你一定可以提高记忆效率!

图书在版编目（CIP）数据

记忆高手：过目不忘的策略与技巧 / 林少波著. --北京：中国纺织出版社有限公司，2022.9
ISBN 978-7-5180-9592-6

Ⅰ. ①记… Ⅱ. ①林… Ⅲ. ①记忆术 Ⅳ. ①B842.3

中国版本图书馆CIP数据核字（2022）第092212号

责任编辑：郝珊珊　　责任校对：高　涵　　责任印制：储志伟

中国纺织出版社有限公司出版发行
地址：北京市朝阳区百子湾东里A407号楼　邮政编码：100124
销售电话：010—67004422　传真：010—87155801
http://www.c-textilep.com
中国纺织出版社天猫旗舰店
官方微博 http://weibo.com/2119887771
鸿博睿特（天津）印刷科技有限公司　各地新华书店经销
2022年9月第1版第1次印刷
开本：710×1000　1/16　印张：15
字数：224千字　定价：55.00元

序
——我的记忆之路

我生长在一个普通的家庭，过着普通人的生活。2009年，从计算机专业毕业后，我就迷茫了。在几方探索后，我成了一名信息技术教师。

我主要负责学生的课堂教学和成绩处理，渐渐地，我发现学霸学什么都快，学渣则讨厌学习也学不进去，而处于中游的孩子，虽然很努力，却成绩一般，学习效率不高，所以我希望找到一种方法可以帮助到他们，也帮助自己在终身学习这条道路上走得更好。

某一天，我在网络上接触到了记忆法，从此便一发不可收拾了。我不停地学习记忆法相关的信息，加了很多关于记忆的QQ群来学习记忆法。不久后，我圆周率就背到了600多位，这让我信心倍增。要知道，之前我十几位都记不住。后来我了解到有一项比赛——世界脑力锦标赛，在这个比赛中可以遇到世界各国的更多选手，可以交流到世界顶尖的记忆方法。

于是我辗转去了重庆和武汉，然后决定待在武汉训练，备战世界脑力锦标赛。我日夜不停地练习，当时的训练对我来说是枯燥的，除了对着一堆数字和扑克牌，就是吃饭、睡觉，但是那段时间又是值得回忆的，因为经过不停地训练，我终于在24届世界脑力锦标赛上获得"世界记忆大师"的荣誉称号，并从此走上了教授记忆法的道路。

我希望将我总结的记忆法教授给更多的人，让他们也能在知识的海洋里更加快速地吸收知识，因为21世纪是一个信息时代，掌握信息速度的快慢，就决定了掌握先机的快慢。本书中的这些方法经过了很多人的实践，所以认真学习，相信你也能成为最强大脑，祝你成功！

林少波

2022年5月30日

如何使用本书

我希望大家通过这本书养成一个持续进步的习惯，不仅是在记忆上，而且能把这种能力迁移到各种想要做的事情上。希望各位能从这本书当中发掘自己的潜力，了解我们大脑运作的原理，并为自己创造更美好的生活。

学习记忆的过程，也是自我探索的过程，在这个过程中我从一个小白，训练到记忆大师，让我更加认可自己的努力，也找到了学习的方向，这种成就感也是能迁移到其他事情上的。所以这样的方式同样适合你。

要从本书中获得最大的收获，首先我们要有一个空杯心态，简单地说要有谦虚学习的态度，这非常重要。然后我们来说说如何运用本书，本书前两章主要是一些大脑运作的理论，这一部分需要大家了解，千万不要直接翻到后面。要知道，理论就像是说明书，任何一个产品都有自己的说明书，更何况是我们的大脑呢？要想最大限度地发挥大脑的作用，我们就得认真地学习理论。其他章节都是技能的训练，每章都会附有练习，大脑健身房有不同难度的练习，我们根据难度系数去训练，主要从记忆的质量、数量、速度上去训练我们的大脑，一点点地训练，切莫操之过急，不要想着一口吃成胖子。

到底多久才能练出强大的记忆力呢，这个并没有明确的答案，但是我们的大脑和肌肉一样，越练越强壮。每一次练习你都能体会到自己的进步。为了让大家注意每一阶段要注重的目标，我把训练分成三个阶段。第一阶段，在进行书中的一些练习时，以质量为主，记忆内容要求想得丰富，印象深刻，尽可能记住，内容较长的可以分段进行。第二阶段，目标是记忆的宽度，每次记忆的内容要比之前增加，如之前一次记10个词语，这一阶段就可以增加1到15个，其他内容以此类推。第三阶段注重速度和精准度，在保证前面两阶段足够的训练后，这个阶段可以一次性记忆，提高一次记忆的准确度，例如记忆20个词语，记完后结束计时，在头脑里先回忆一遍，然后答题，可能会出现很多错误，没有关系，多总结，这样做是为了训练一次性记忆的高精度。通过三个阶段的训练，相信你的记忆力一定会大幅提升。

书中提到的很多方法，我们平时生活中也可以去运用。希望大家能够在平时去训练，从而增强自信心。

最后，希望大家保持积极乐观的心态。有志者事竟成，我始终相信，成功源于信念，加油，祝你成功！

你能记多少

用自己最擅长的记忆方式，来记下面的词语，从左到右按顺序记忆。开始之前，准备一个计时器。你有180秒的时间记忆，写下这些词语的时候，时间不受限制。写完之后给自己打分，答对一个词语（包括顺序）得1分，答错词（包括顺序）不得分，总分30分。

打印机	秒表	日记	轮椅	面包
冰库	列表	教室	鲜花	鞭子
婴儿	文件	充电器	印章	纸巾
竞技	洗手液	茶杯	卡通	照相
魔方	打气筒	珠宝	大象	轮船
三明治	梯子	洋葱	蝴蝶	机器猫

结果如何呢？你只要记对了20个以上并且写对，就是优秀的；如果少于10个也不用灰心，只要通过反复练习，你一定可以超越自我，记得更多、更牢固。

接下来，我们来尝试下记忆数字。记住一个数字得1分，同样要记住从左到右的顺序。我们用计时器，时间是180秒，看我们记住了多少。不用全部记住，看自己的能力，能记多少就记多少。

6521	3584	6134	5715	1235
3578	6884	1254	1354	6841

| 6987 | 1578 | 6879 | 4512 | 6587 |
| 3654 | 2587 | 4577 | 1458 | 7592 |

结果如何呢，假如你记住了全部数字，那么恭喜你，你的记忆力非常好；假如你只记住了10个数字，也不要灰心，经过训练，你会不断进步，记忆也会更加精准。所以接下来的日子里，加油吧！

目 录 ◀

第一章

收回大脑的指挥权

第1节 >>> 了解自己的大脑

人体最重要的器官是什么？大脑。大脑下达指令，传递信息到肢体，它指挥着我们身体做各样的事情。而大脑潜能开发得越大，我们身体的潜能也会发挥得越大。伊凡耶夫莫夫认为："一旦人类的科学发展能够深入地了解和开发大脑，人类将会为存储在脑内的巨大能力所震惊。如果人类迫使大脑发挥出一半的功能，那么将可以轻而易举地学会40种语言，背诵整部百科全书，拿到12个博士学位。"

要想发挥大脑的潜能，我们需要对自己的大脑有所了解。

美国著名的神经心理学家罗杰·斯佩里博士用实验证明了大脑的不对称性，提出了"左右脑分工理论"。大脑的左右半球分别负责不同的功能，目前左右半脑分工理论是这样的：

左脑主要负责语言、数学、逻辑、顺序、分析、理解等，它也被称为"学术脑"或"抽象脑"。

右脑主要负责创造、想象、图像、情感、空间、韵律等，因此它也被

语言　数学　逻辑　顺序　分析　理解　左脑　大脑　右脑　创造　想象　图像　情感　空间　韵律

称为"艺术脑"或"创造脑"。

我们平时在学校的教育、学习、练习、测试，大多数只是训练了左脑，很少有机会训练右脑，然而右脑的潜力是无穷大的。

我们在学习的时候，记忆一些内容，总是会有人学了就忘，那是因为在学习和记忆的时候只是调动了左脑，而没有用到右脑。我们看电影的时候为什么会记住很多的内容，因为电影有图像、有声音，还有情节，所以充分调动了我们左右脑以及各个感官去记忆内容，当然就好记很多。

平时生活和学习中，如何更好地调动大脑来为我们办事呢？那我们就要有意识地去训练右脑，让左右脑均衡发展，让右脑把需要处理的资料变成图片、声音等存储到大脑中，让左脑来处理一些逻辑、学术等问题，这样我们学习起来将会更加容易。我们要努力开发大脑这座金矿，发挥它最大的作用。从此刻开始吧，你自己来做指挥官，开启你的挖矿之路。

让我们进入记忆健身房锻炼一下吧！

🧠 记忆健身房

训练（简单★）：

大脑分为＿＿＿＿＿＿和＿＿＿＿＿＿，分别负责不同的功能。

第2节 >>> 为什么记不住

在生活中，大家经常听到这么一句话：我记不住。为什么会记不住？这个问题不知道大家有没有想过呢？很多人花了很多的心思和时间去学习，依然记不住，或者记住了，过一段时间，又忘了，似乎回到了起点，于是就认为自己很笨，干脆和别人说："我记忆力不好"。

天生记忆力不好，这样的借口很容易让人逃避学习，当你在学习上遇到困难或者记不住内容的时候，就会拿出这个借口来说服自己放弃。真正让你放弃的不是记不住本身，而是你的信念。所以，不管你的能力如何，首先，你要有想记住和一定要记住的信念。有了这个基础之后，我们再去找方法，就会事半功倍！

话虽如此，我们还是要知道记不住的一些原因。

一、生理原因

随着年龄的增长，人的记忆力会变差，这是正常的生理现象。

有些人在生活中会有不好的习惯，吸烟喝酒。而医学证明，吸烟会加速记忆力和思维能力的丧失。而且吸烟比起酗酒更甚，因为它还会造成二手烟，危及身边的人。喝酒本身并没有错，只要适度，也不影响周边的人。可有些人喜欢酗酒，饮酒过量总是会对人产生很大的影响，甚至危及生命，当然对大脑也是伤害极大的，所以尽可能还是少喝酒。

二、心理原因

很多人经历过这样的场景，私底下背得滚瓜烂熟，考试或者表演的时候大脑却一片空白，什么都想不起来，这通常是因为心理因素造成的，也就是紧张。当面对很多人盯着你的时候，就会紧张起来，这是很多人无法发挥自己正常水平的原因。克服紧张情绪，克服压力，需要保持一个积极乐观的心态，还需要多多地练习，增强自己的抗压能力，这样，紧张的次数就会减少很多。

三、没有好的方法

有些人，很难记住想记的内容，并不是因为生理的原因，也不是不够努力，而是缺少方法。在学校里学习，老师通常会教授知识，但不会教如何去记忆知识，所以一般记忆的方式就是读，边读边听，然后记，也就是死记硬背。虽然这样也能记，但是效率比较低。为什么要用好的方法去记呢？我们来举个例子，通过同样的1000米，每个人都可以使用不同的工具，假如一个人使用双腿去跑，另外的人使用轿车，你会选择哪一种？我相信大家都会选择轿车，因为快，效率高，省时省力。同样是到达终点，选择不一样，结果也不一样。所以，我们在学习的时候，当我们可以选择一个好的方法，让自己轻松学习，提高效率，何乐而不为呢？

　　我们在学习的时候，如果遇到记忆力的问题，通常是第二或者第三个原因多一些，心理压力和缺少方法是造成95%的人记不住内容的主要原因。所以，我们要有一个积极乐观的心态，让自己更加放松，相信你有了正确方法以后，记忆，将不再是难题！

　　下面我们进入记忆健身房，来锻炼下自己的大脑吧！

记忆健身房

训练（简单★）：

造成我们大脑记不住的主要原因有？

1. ＿＿＿＿＿＿＿＿＿＿＿＿＿＿＿＿＿＿＿＿＿＿＿＿＿

2. ＿＿＿＿＿＿＿＿＿＿＿＿＿＿＿＿＿＿＿＿＿＿＿＿＿

3. ＿＿＿＿＿＿＿＿＿＿＿＿＿＿＿＿＿＿＿＿＿＿＿＿＿

第3节 >>> 大脑的记忆方式

记忆是过去经验在我们头脑中的反映。新版《辞海》中给"记忆"

下的定义是："人脑对经验过的事物识记、保持、再现的过程。"

一、记忆的3个基本过程

（1）识记：这是一个新的输入和编码的过程。

（2）保持：信息的存储过程。

（3）再现：信息的提取过程。

二、记忆的类型

根据记忆内容保持时间的长短可将记忆分为瞬时记忆、短时记忆、长时记忆。

瞬时记忆

瞬时记忆也称为"感觉记忆"。刺激作用于感觉器官引起短暂记忆。其特点：当停止刺激的时候，感觉信息的保持时间大约是1秒钟，最多不会超过2秒，并按刺激的物理特性以感觉形式进行编码，信息容量大。这种记忆保留了原有刺激形式。若受到注意，将被识别而转入下一个短时记忆中去，接受进一步加工，否则很快消失。在美国心理学家斯珀林1960年所做的经典实验中，证明了瞬时记忆的存在。

短时记忆

短时记忆指外界刺激以极短的时间一次呈现后，保持时间在1分钟以内的记忆。例如，你刚刚要了某人的电话号码，记住后，一个个数字开始拨，这是短时记忆。有可能过一会儿，你再拨打时就发现自己已经忘记电话号码了。

根据研究报告，短时记忆的容量大概是5～9个组块，语言文字的材料在短时记忆中多为听觉编码，非语言文字的材料主要是形象的记忆。如果我们记一些数字，如98424631375，你以1秒钟读一遍后进行回忆，出错的概率就很大，因为这已经超出了短时间记忆的容量。

传统的记忆方式就是死记硬背，也属于短时记忆，需要不断重复，效率很低。例如，座机的号码只有7~8位，比手机号码的11位要好记很多；单词字母数少于10个的就会好记，多于10个字母的我们就需要分段记忆。这就是短时记忆容量所限制的。这就会很容易导致我们记得慢。

死记硬背的时候，我们需要不断重复，才能使记忆内容变成长期记忆。通常，我们需要50~100次才能达到牢记，而且这不保证你就不会忘记了。你想，如果给你10个单词，你读100次，是不是保证不能忘呢？我想大部分人的回答是"不行！"那么这50~100次到底指什么呢？是指我们当下，记住了要记得内容，也就是达到了短期记忆后，在接下来的时间里，不断重复，加深印象，复习，这样的过程要持续50~100次，才有可能把所有的内容记住。如果复习次数不够，很可能你记了10个单词或者其他内容，过一个月，只记得一两个单词了，甚至可能全忘了！

我们现在生活在一个信息时代，每天迭代的信息太多了，如果我们短时间内不能掌握学习的内容，新的学习内容就又会冒出来。这样就很容易让我们长期处在一个状态：老的知识没学会，新的知识又难掌握，跟不上社会的脚步。

所以我们要学会科学的方法，学会正确的记忆方式，提高我们的效率。

长时记忆

长时记忆是指存储时间在一分钟以上的记忆，一般能保持多年甚至终身。它的信息主要来自短时记忆阶段得到复述的内容，也有由于印象深刻一次形成的。长时记忆的容量似乎是无限的，它的信息是以有组织的状态被储存起来的。

长时记忆最大的特点就是容量无限，存储时间长甚至达到终身，而图像记忆就属于长时记忆。我们要想办法把短时记忆变成长时记忆，这样我们就能记得更牢固了。

记忆可以分为两种，一种是声音记忆（也就是死记硬背），主要通过左脑（语言脑）来实现；另一种是图像记忆，主要通过右脑（图像脑）来实现。

举个例子：我们要记一些素材。

姓名：烈火鸟

电话：13856485124

单词：mouse

古诗：玲珑骰子安红豆，入骨相思知不知。

当死记硬背的时候，通常我们将进行怎么样的步骤呢？

看—读—听—记

每个人运用传统的声音记忆的时候就会经历这四个步骤，哪怕你默读，也会有声音传到我们的左脑。当你回忆的时候，一般只能回忆起内容的声音，而没有图像。大脑中什么都没有。有些人可能会说，我记手机号码的时候会想到人，那是因为通过号码想到人，而不是因为号码本身。

图像记忆就会不一样了，我们都会有这样的一个经历，平时看电影的时候，大部分人能够记住里面大部分情节，这是因为我们在回忆的时候，大脑中会出现大量图像：他们当时的表情，还有惊心动魄的画面。这些都会让我们大脑产生极大的兴趣，而把它记下来。这就比单纯的声音记忆来得更容易。

我们来试试看，跟着这段文字来想象一下：

你进入一片森林，遇到了七个小矮人，于是和他们一起结伴同行。往前走着，突然你听到前面的灌木丛中不断地发出声音，似乎里面有一只猛兽就要出来。就在你想是什么猛兽的时候，从灌木丛里窜出一只很奇怪的牛。这只牛头上有两只不同颜色的角：金角和银角，它还长着红色的眼睛、黑色的大鼻子、两只棕色的耳朵、绿色的尾巴，嘴巴张得很大，吐出一片白云，似乎有吞云的架势。它全身雪白，但四条腿的颜色却是金黄色的。它往前走着，每走一步，就踩出5厘米深的大坑。它朝你走来，你正害怕它会对你做什么的时候，它用英文跟你说了句："Hello"。

好，睁开眼睛，现在我们来回答几个问题。

你进入森林遇见了什么人？

在森林里遇到了什么动物？

这只动物眼睛什么颜色？

这只动物长了什么颜色的角？

接下来请你描述一下你在大脑当中想象到的这幅场景，把这只动物清晰地描述一遍，看看能否记得清。

是不是很清晰？有没有感觉图像还是很不错的？假如你有一些想不起来也没关系，这说明你还有很大的进步空间，想象力等待你的开发哦！

接下来我们进入记忆健身房，来回顾一下，我们今天学习了什么。

记忆健身房

训练（简单★）：

1. 记忆的3个基本过程是什么？

_____

2. 记忆有哪几个类型？

_____

3. 记忆的方式有哪两种？

_____

第4节 >>> 衡量记忆的三大指标

在一次营会教学的结业典礼上，很多家长受邀到场。他们在一堆资料中随机选择了一些数据，然后在白纸上写了80多位数字、40多个中文词汇，以及40多个英文字母。当他们写完后，一位讲师问他们，你们当中有谁能在30分钟内背完这些内容并保持100%的正确率呢？台下鸦雀无声，因为对于没有经过训练的普通人来说，在30分钟内背完这些素材，又要做到100%的正确率，几乎不太可能。后来，讲师请了几位小朋友上去，小朋友在短短的时间内，不但记住了所有的素材，而且背诵得非常成功。家长们看着自己的孩子有这么大的成长，开心极了。

讲到这里，很多人会好奇小朋友到底是怎么记得的。其实记忆主要就是记和忆，记下来，回忆出来。但是我们如何让记变得更简单，让回忆变得更清晰呢？这就需要方法了。而在讲述方法之前，我们首先要学会如何去衡量记忆的质量。我总结了三大指标：记忆的准确度，记忆的持久度，记忆的速度。

一、记忆的准确度

准确度对于记忆来说特别重要，不管是平时的学习还是考试，准确度都是重中之重。我在教导孩子们学习的过程中，会特别强调准确度，因为这是记忆的基础，没有准确度，你记了等于白记，不但效率不高，还没有得到好的结果。所以在学习的过程中一定要保证记忆准确度。

我在训练的过程中，会要求学生做到一遍记忆，这一遍记忆指的是不经过复习，也就是说一次认真、精确地记住，而不能进行复习的过程。这对练习记忆准确度尤其重要。我自己也是这么训练过来的，在后面的章节中，我也会重新去强调这一点，并且以实例帮助大家训练到位，提高准确度。

二、记忆的持久度

记忆后能够长时间保持，这个很重要，能够提高效率，避免复习次数过多。在学习中，很多人会考前突击背诵大量的内容。这有时能帮助你通过考试，但一旦考完，大量的知识就从脑海中消失了。这除了前面说过的压力原因外，还有一个很重要的因素，就是记忆的持久度不足，记忆保持的时间太短。

三、记忆的速度

我相信大多数人都认为记忆的速度越快也好，不管记什么，只要速度够快，总是好的。因为同样的记忆内容，有些人花10分钟，有些人花1小时，速度快的人就可以把时间用在其他方面，接收的信息量也会更多。所以速度快，可以很快地提高效率，学习也会更轻松，而记忆速度慢的话，学习也会变得很累。

我们要想办法提高记忆的速度，因此我们需要的是：正确的记忆方法和正确的复习规律。

🧠 记忆健身房

训练（简单★）：

衡量记忆的三大指标是什么？

_____

本章总结

一、了解自己的大脑

大脑结构如何；我们的大脑是如何运作的；信息又是如何存储到我们的大脑当中的；学术脑和艺术脑分别负责不同的功能。

二、为什么记不住

记不住的原因有生理原因、心理原因，以及没有方法。

三、大脑的记忆方式

一种是声音记忆，另一种是图像记忆。

四、衡量记忆的三大指标

记忆的准确度、持久度，以及速度。

第二章

开启"记忆"的神奇之门

第1节 >>> 把记忆"书写"出来

我们是什么样的人由我们的记忆决定，这是你这一生中到此为止积累到的所有经验与知识的总和。记忆是身份，和我们周围的一切有关。没有它，你就会迷失了。记忆是你身份的自然部分，它非常厉害，只要和一个念头相碰，就像星球爆炸一样，在大约只有你两个拳头大小的空间里瞬间就可以聚集起数百万个信息。

在这个信息时代，大量的知识进入人们的视野中，在以知识为主的经济体制下，大家需要更快、更多地学习和掌握知识。而快速掌握知识的前提就是有一个好的记忆力，你需要掌握快速记忆的方法。

从日记开始书写

我非常喜爱的一位作家斯蒂芬·金，在他引人入胜的故事中蕴含着无穷的想象力，而他巨大的作品量也令人震惊。他在《谈写作》一书中提到，写作其实就是反复地思考。坚持写日记这种练习的实质正在于精炼思想。写日记会促进我们记忆的增长。我可不是要你在电脑前一坐就是几个小时，绞尽脑汁地把自己心中构想的大部分变为文字，我只是让你在每天结束的时候记下当天发生的几件事。

我还要给你两样简单的工具，你可以用它们来磨炼记忆力。大多时候，我们把事情写下来只是为了允许自己把它们忘掉。毕竟在很多人看来一件事一旦写下来，我们就不用再用脑子去记了。我说的这种记录方式不同。这一次，你把事情写下来的原因是你想记住它。别担心，你不必为了不忘记而一辈子都这样做记录，这只是一种帮助你了解你自己的记忆有多强的方法。我们就把这种方法想成体能教练给我们制订的锻炼计划吧。教练一般希望借此评估学员的体能状况，以便为其量身打造计划，同时还要考虑学员各种自身的问题。所以我们同样也是借助写日记的方式来了解自己。

写日记的妙处在于它反映出你天生的记忆类型当中的强项。你可能最擅长记人脸和名字，也可能很擅长记忆数字或者记忆文章、历史等。把各种经历写在纸上或电脑显示器上，你就可以开始了解你自己的大脑了。然后，我们将一起用你的日记来辨别和培养你记忆力的四个基本方面。

心灵之眼

日记的第一个作用是锻炼记忆的心灵之眼。一天结束后，你坐下来写出这一天的经历，相当于在心中重建这一天。当你第一次这么做的时候，一天里的某些部分可能清晰得惊人，其余部分则模糊得可怕，但是不用担心，很快你每天记得的内容会越来越多，而且会越来越清晰。我们的目的并不是把每一件事都记住，而是希望你一天比一天更清楚地意识到自己都遇到了哪些事，它们是怎么发生的，你不同的经历有什么感想，不要小看这个过程，它会让你的心象能力得到很大的提升。

心之所向

写日记的第二个作用是确定自己最感兴趣的部分。一天结束的时候，你已经过滤掉很多信息，你记下来的内容是你有意识或无意识地决定要暂时保留的，因为你觉得它们很有趣、很重要，或者既重要又有趣。心灵就像淘金的矿工，过滤杂质，留下可能有价值的东西。我们写日记是为了保存一天的价值，也是为了发展和分析。虽然我们都愿意相信自己能记住对我们很重要的东西，但事实未必如此。我不知道你是否有过这样的经历，心里在想"我需要记住这件事，因为它对我很重要"，结果过一会儿，你就什么都不记得了。这种现象很常见。

一位小朋友说过这样一句话："我记得的都是些最不重要的东西，"他说，"我几乎可以一字不差地背出卡通片《宠物小精灵》火箭队三人组的开场白：既然你诚心诚意地发问了，我们便大发慈悲地告诉你，为了防止世界被破坏，为了维护世界的和平，贯彻爱与真实的邪恶，可爱又迷人的反派角色，我们是穿梭在银河中的火箭队，白洞，白色的明天在等着我们，就是这样……喵……喵……"

"但是，"小朋友继续说，"我和其他小朋友认识后10秒钟就不记得他叫什么名字了。"

很显然小朋友特别擅长记忆字、词、句：左脑的功能非常活跃。在听过《宠物小精灵》里的名言后，并没看过文字，他很快就把它记住了，这表明他的聆听技能很发达。本书后面会探讨怎样把这些技巧、技能更好地运用到增加记忆力中去。

心之感觉

写日记的第三个作用是帮助你辨识你记忆的哪些部分已经得到良好的发展，包括感觉和情绪输入的信息——两种都是记忆非常重要的组成成分。每天晚上写日记可以让你知道自己最喜欢使用哪几种感觉与情绪，这有助于你更加充分地利用这些强项，帮助你增强记忆的清晰度，同时有意识地使用你现在用得不那么频繁的感觉和情绪。

心之认识

写日记的最后一个作用是，你会对时间抹除记忆的能力有更多的认识。时间会抹除记忆，这早已经不是什么秘密。德国心理学家赫尔曼·艾宾浩斯曾经做过一个非常有名的研究，结果证实一个现象，短短24～48小时后，我们就会把学过的东西忘掉70%～80%。我们可以把这个结论用到你的日常生活中。一天前的事你记得多少？二天前的呢？三天呢？但我们能记住大部分用纸笔记录下来的事。坚持写几天日记后，你就会惊讶地发现，本来会被时间洪流冲走的大量信息被你保存下来了。你也许会发现写日记的练习很有用，也许你会坚持一辈子呢！时间和你背道而驰，但你可以训练自己的大脑，让大脑抵抗时间的洗礼。我们要利用记忆方法和一些技巧来减少时间对我们的影响。

下面我们进入记忆健身房，开始锻炼一下吧！

记忆健身房

训练（简单★）：

书写日记中需要注意的四个部分是？

_____

第2节 >>> 如何写日记——特殊训练

一、回顾重大事件

那么，你在写日记时究竟会写些什么呢？是不是会写7点钟起床，然后吃个早饭，开始背单词，8点开始上班，等等？我一开始也是这样写日记的。现在我们要做一些变化。下面，我以一个简单的练习对此加以说明。我们来回忆一下已经过去的那个令全国悲痛的事件：2008年5月12日，中国境内发生了一个大事件：汶川地震。

亲身经历者小雷这样回忆道："那天，我正在门市外的街上，突然感觉地晃了一下，当时还没反应过来，愣愣地站在那里看。接着又晃了一下。我看到房子开始出现裂缝，心想坏了，地震！"

"我拔腿就跑！可没跑出几米，就被撞倒在地。接着街边整栋楼倒了下来，我两眼一黑，就什么也不知道了。"小雷说。

"不知道过了多久，我醒过来了，周围黑漆漆的，什么声音也听不到。"小雷试着动了一下，发现身体可以侧躺过来，前后爬了一阵，发现自己被两根水泥柱夹在中间。楼倒下来的时候，楼板正好盖在这上面，形成了一个大概三米长、两米宽、两肩高的空间，正是这个空间让他逃过一劫。

"当时也不害怕，急着找路出去，可用手四处推怎么都推不动。"小雷说，"我想靠自己是出不去了，这时候只有冷静、坚强才有活下去的希望。"他说。

"当时，水泥柱外面还压着一个人，也没死，我俩还聊了一会儿，可声音太小，一句话要喊几遍才听得清楚。他那边压着三四个人，只有他还活着。"小雷告诉那人，"安心等人来救吧，困了就睡觉，不想那么多了。"

"因为缺水，我们俩尽量不再说话。为了保存体力和减轻痛楚，我开始尽量让自己睡觉。不知是做梦还是幻觉，我在恍恍惚惚之中多次觉得自己已经被救……多希望自己能活着呀！"苦苦等待中，一天时间过去了。

第二天晚上，四处摸索的小雷摸到了两个手电筒。"拧了一下发现还能用。我就打着手电四处照，结果照到三个已经死了的人，脸都几乎肿大了一倍，变成青色了，眼睛、鼻孔、耳朵里都在流血。当时想着再过几天要是还出不去，我也和他们一样了。"他说。

这样想着，小雷一点不觉得害怕："我知道，这时候最重要的是不能失去信心。我告诉自己一定要坚强，一定会有人来救我。"

第三天，小雷在水泥柱和楼板之间发现了一个缝隙："大概30厘米宽的样子，中间被块砖头堵住了，我就拿手去抠，抠了好久终于把那砖头给抠掉，外面照进来一丝光线。我一看外面是白天，可能救援的人快到我这里了，心里多少有点兴奋。"

坚强的小雷始终毫不放弃，"既然4层高的楼房都压不死我，那就是老天不想收我，我就肯定死不了。"于是他就安心等待，该喊救命喊救命，该睡觉照样睡觉。74小时后，小雷最终获救。

我想小雷不一定记得当天的所有细节。也不能逐字重复他所有说过的话。但他还是记住了那么多的细节，这正是我希望大家看到的，你记住了多少，而不是忘记了多少。如果不利用特殊的记忆技巧，我想你一天记下来的东西会比较少。但我还是希望你尽可能地花几分钟将它写出来，然后分析其中的一些信息。

二、拆分故事

重新读一下你写下的内容，看看能否增加一些细节。你还记得当天遇到的人或者重要的事情吗？遇到一个特殊的人，他跟你说了什么重要的事？周围的环境中有没有特殊的气味？周围有没有特殊的颜色或者形状？当时你准备做什么？你手里有没有拿着东西？手机或笔记本电脑等？你这天穿了什么衣服，周围有什么样的声音？ 从各个环境里寻找自己要的细节，尽可能详细。

三、自然记忆

自然记忆就相当于无意识的记忆，一些特殊的事情会在你脑海里留下不一样的痕迹，这便是自然记忆。现在，你已经完成对自己当天的回顾，我们先来看看你在这段回忆里用了哪些感觉、情绪和行动。学会更有效地运用记忆后，你就会发现每天都是美好的，就像一张白纸，你在上面慢慢书写你的故事，你也可以把它想象成那些用折纸技巧做成的花式信封。随着这天每件事的逐步发生，就像是慢慢把那信封一点点拆开，每拆一点点，里面都隐藏着许多图片、感觉、心情和行动。信封完全拆开后，只要按照原来的折痕回折，就可以轻而易举地将信封恢复成原来的样子。自然记忆的工作原理相同。你的自然记忆可以借此在一天之中循环重建这天或某个特定的事件。

我们的自然记忆是一件很好、很有效的工具，如果把记忆的焦点集中起来，这个工具的效率就会大增。

四、情景记忆

我们把选择的信息和知识的总和集中起来记忆便构成了情景记忆，因为这些信息和知识可以让你的生活更丰富。构建情景记忆的方式和构建自然记忆的方式相同，有很多种方式可以用于描述情景记忆，但我认为最简单的描述是：三维立体原则。

（1）情景记忆与感觉的结合。

（2）情景记忆与情绪的结合。

（3）情景记忆与动作的结合。

情景记忆三个维度可以从双向性上来进行训练。

反向

就拿我第一次在众人面前弹吉他时的状态来举例吧。其中包括好几种感觉：对吉他琴弦的陌生感，观众的期盼，当然还有紧张感。它还包含几种情绪，比如，自己内心的恐惧、愚蠢和大祸临头的感觉。明确的动作则是自己拿着吉他，拨动错误的琴弦，这些都是契合的感觉，但都属于不太好的感觉，是反向情景结合度。我们可以将它运用到哪些方面呢？可以用在自己想要抑制的事情上，把这种反向情景带进去。

正向

当我主持的时候，我发现自己的声音还是很不错的，听众投以期盼的眼神，还有很多鼓励的掌声，让我觉得这是一个很好的状态。虽然我害怕舞台，但这种好的感觉却让我的内心充满了力量、信心。这就属于正向的情景结合度，当然这种感觉也需要自己有意识地去建立。

提示：反向情景契合是一种无意识的记忆。正向的情景契合更需要主动去建立，但是它对我们的生活很有帮助，甚至大于反向情景契合。

写日记时，你借助记录一天之中的感觉、情绪、动作来开发心灵的感觉。你写下的每件事都含有这些感觉的一种或几种。如果把记忆以这种方式拆分开来，它好像由无数个成分组成，每个成分基本上都是完美的。我们绝不会把甜和苦，愤怒和快乐混为一谈。我们大脑具有能辨别几百种香味、味道、动作的能力。

根据自己一天中遇到的人和事情，我们列一个感觉表（表2-1）。在表格里打√。

表2-1　感觉表

感觉	有	无
触觉		
味觉		
听觉		
视觉		
嗅觉		
情绪		

比如，在当天发生的事情中，有触觉体验吗？比如，小雷在被压在狭小的空间里，四处爬动，四处摸索，肯定有手指的触觉，那么就可以在相应表格里打√。假如你吃到一个美食，味道特别好，感觉在口中有种甜甜

的味道，就可以在味觉里打√。以此类推，在对应的表格里打上√，有助于我们在写日记的时候写得更加完整。

增强记忆从写日记开始，开始得越早，就能越快地建立起更好的记忆。在接下来大约一周的时间里，我希望你把日记分成三个部分。第一部分当然是对一天事件的叙述。你不需要把遇到的每件事都写下来，比如，梳头发的时候，梳子突然掉到地上了，这是小事。不过，我要提醒你的是，如果你记得梳子掉了，先不要马上断定它不重要。你之所以还记得它，可能有个理由，只不过你暂时还没有意识到。重要的是，这个练习应该既好玩又有趣。一旦不再觉得好玩、有趣，就表明你已经写够了。为了帮助你开始，我设计了一些涵盖面很广的问题。你不需要回答每个问题，那只会使写日记变成繁重的工作，只需挑几个你感兴趣的问题即可，它们会帮助你了解一天之中你能记忆的事情有多少，也能帮助你了解从哪些方面入手去写日记。

下面我们进入记忆健身房，锻炼一下。我提供的问题会帮助大家写出自己的经历。从每个类目里选自己遇到的，不需要全部都回答哦！

🧠 记忆健身房

训练（简单★）：日记的开始问题

观察　1. 我看见什么？

　　　2. 我听见什么？

　　　3. 我闻到了什么？

　　　4. 它为什么有趣？

　　　5. 它是怎么发生的？

事件　1. 我今天做了什么事？

　　　2. 这件事和过去或未来有什么关系，会影响以后吗？

记忆健身房

3. 我从结果中学到了什么？

4. 我从失败中学到了什么？

5. 我和哪些人通过电话？我们说了些什么话，有什么需要重点记住的话语？

6. 我今天吃了什么，喝了什么？

人物　1. 我见到了谁？

2. 他们穿什么衣服？

3. 衣服是什么颜色，什么款式？

4. 他们戴了什么东西，或者拿了什么东西来？

5. 我对他们有多了解？他们现在有什么变化？

6. 我有什么感想？是正面的、负面的或其他？这种感想源于什么？

7. 这次见面的主要内容是什么，我们是闲聊还是有重要的内容？

顺序　1. 我记忆这天事件的顺序是怎样的，按时间还是重要的优先顺序？

2. 我的记忆是从最后一件事、中间的事或第一件事开始的，或者是三者混合？

时间　1. 我今天的时间都用在哪些方面了？

2. 是否大部分时间都用于完成目标，创造价值？

3. 有没有将时间在琐碎的事情上浪费了？哪些琐碎的事情？

4. 我今天效率高吗？我觉得内疚还是快乐，或两者皆有？

5. 我是否在试图压抑或遗忘不愉快的时刻？

记忆健身房

周围　1. 我记得今天见过的人长什么样吗，为什么记住？

2. 当时的环境是什么样子？

3. 我记得特殊的声音吗？或者谈话的口吻是什么？

4. 我记得哪些细节，我能看到柱子旁有什么物品吗？

5. 我记住的是大体，还是细微的细节？

6. 如果按1~10级划分，我今天承受的压力是几级，主要的来源是什么？

7. 今天有没有早起，睡眠时间充足吗？为什么？

第3节 >>> 避免遗忘的方法

只要是一个正常人，不管你的记忆力有多么好，也不管你用什么样的方法，当你记完内容的时候，都会有一个遗忘过程。这也是大脑对人体的保护，如果记住的东西不会遗忘，那么这个人将非常痛苦，痛苦的回忆也不会随时间流逝而变淡。而在生活、学习中，却还是有很多内容需要去记住，如果经常遗忘，对我们是很不利的。所以我们需要找到一种方式让记忆变得更牢固。为了让所有记忆资料长久地保存在大脑里，我们唯一要做的就是复习，这是克服遗忘最好的办法。

德国心理学家艾宾浩斯以自身为实验对象，采取机械记忆法，记了十多个无意义的音节，然后记录下了不同时间间隔后自己所能记忆起的音节数，并发现了大脑的遗忘规律，也因此绘制出了著名的艾宾浩斯遗忘曲线。而后他又记忆了不同的素材内容，开始观察自己经过各种长度的时间间隔后，能保存多少记忆，结果发现：刚刚背诵完成时，他可以记住100%；20分钟后，可以记住60%；1小时后，他只记得45%了。实验结果如图2-1所示。

记忆存留量

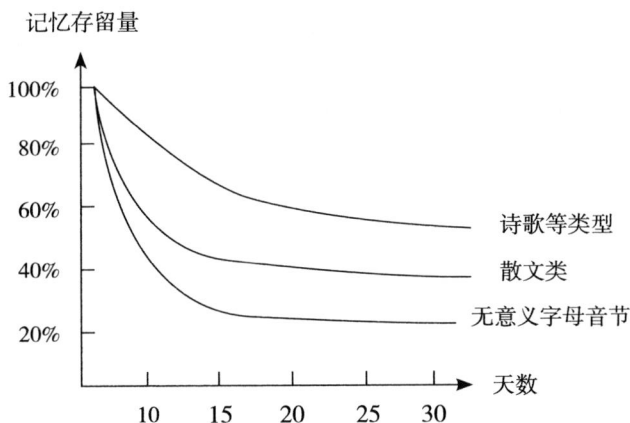

图2-1　艾宾浩斯遗忘曲线

这就是著名的艾宾浩斯遗忘曲线。根据上面的信息来看，遗忘的进度是不均衡的，不是固定一天就遗忘，或者某一天多遗忘一些，而是先快后慢地逐渐遗忘。

遗忘的进度不仅受时间因素的制约，也受到其他因素的制约。最先遗忘的是没有重要意义、不感兴趣的记忆材料。不熟悉的内容要更容易遗忘。对于无意义的音节以及字符，人们的遗忘速度快于对散文类的遗忘，而散文类的遗忘速度又快于有韵律的诗歌。

艾宾浩斯还提出，某些因素可以影响遗忘的进度。比如，采用一些记忆法，或者更好的学习方法。经过大量的研究，他还发现克服遗忘最好的方法是定期复习。那怎么样复习才是科学的，如何才能让复习事半功倍呢？下面给大家介绍几种关键的复习方式。

一、首尾呼应复习法

学习知识后不复习，时间间隔越长，记得的就越少。但是我们对记忆素材的开头的记忆效果总是更好。

找几位志愿者或亲身实验，尽可能记忆有顺序的多个数字。先匀速大声朗读下面的20位数字：

25648784569315481475

然后让大家从头开始背。等大多数人都结结巴巴起来时立刻让他们重复最后一个数字，接着是倒数第二个数字，以此类推，直到大家脑子都一片空白为止。你会发现，对最初4~7个数字的记忆最强，这就是"首因效应"。

我们通常都能记住学习阶段刚开始时学到的东西，而有些人可能会记住最后一两位数字，这是"近因效应"。最容易被遗忘的是中段的信息，内容越长，遗忘的信息就越多。这和理解没有关系，完全是记忆本身所致。如果缩短记忆内容，记忆清晰度就会立刻提升。所以分散学习时间，就可以提升学习记忆效率。学习时间的长短是可以主观控制的。

如何利用首因效应和近因效应复习材料呢？就是把这两个效应变成学习小窍门：如果你要记忆的是一张清单里的事或一堆人名，第一遍按顺序记完，第二遍要倒过来背。因为开头的部分我们自然记得较多。所以，我们从清单的末尾开始，倒着往前背，这有助于在容易被遗忘的中间信息消失之前把它们抓回来。直到你能从头到尾毫无错误地背诵一遍为止，然后停30秒到1分钟，再背诵一遍。如果第二遍背诵也成功，标志着你这次学习可以告一段落。如果不成功，等30秒到1分钟，再背诵一遍。第一遍完美背诵确保你记忆的信息是正确的；第二遍背诵是为了建立自信，也标志着学习阶段的结束。

此外，我们要对记忆充满信心。有时候我们太害怕自己忘掉东西，就会更容易忘掉，因为我们总是把消极因素想得太多。也就是说，总关注自己忘了多少，而不是记住了多少。积极肯定自己，可以帮助自己更好地记忆。

这里给大家提供一个提高记忆和学习效率的小窍门：把握记忆的最佳时间。

记忆时最初几秒钟的全神贯注可以让后面的时间几乎不费功夫。我们可以尝试用电视台的模式来规范你的学习习惯。大部分电视节目的长度都不超过60分钟，你一次坐下来学习的时间也应该以60分钟为上限。你可能已经注意到，长度60分钟的节目播出15分钟后会出现一段广告，这就是基本的下限。我发现，学习时间设定为最短15分钟，最长1小时，然后接着做下一步的事，是最合适的。或者你觉得自己的注意力可以更长一些，就可以选择番茄工作模式，学习25分钟，休息5分钟，依次进行有效的学习。

二、影像复习法

在复习的时候直接在大脑里把要复习的资料像放电影一样过一遍，这就叫影像复习法。需要注意的是，我们在复习的时候不能翻书，如果中途有遗忘，不要管它，继续往下复习，直到把整个资料复习完，再回想刚才遗忘的部分，有可能就很容易想起遗忘的是什么内容了。如果回忆不起来也没有关系，不用着急，翻开书，运用记忆法重新记忆一下遗忘的内容，你可以加入更多的感觉帮助自己记住这些内容，联结好前后的知识点，再一次记完之后，重复前面的步骤。直到你完全记住内容。

三、生物钟复习法

每个人一天中最佳的复习时间会有所不同，但是有两个最佳的黄金复习时间，就是睡觉前及睡醒后。这个时候的大脑是一天中最清楚的，把这两个时间用在复习和学习上，就会事半功倍。

早上是人一天精力最旺盛的时候，人经过一个晚上的休息后，大脑供氧充足，大脑的记忆力是最好的。早上也是个比较安静的时刻，非常有利于我们的记忆和复习。

睡前的时刻也是很安静的。根据科学研究，我们大脑中掌管记忆的海马体，又称"记忆指挥官"，会接受新的信息，按照不同优先级，存放在大脑中适当的位置，而它在夜晚时刻会变得非常活跃。所以晚上复习知识非常的重要。

所以，想要学得好，一定要学会利用这两个黄金时间段。生物钟可以帮我们大忙。

四、F·O复习法

为了让记忆内容成为稳定的长期记忆，就需要合理复习。根据艾宾浩斯遗忘曲线，记忆后，15分钟不复习就遗忘了40%，一周不复习，就遗忘了75%，到了一个月之后就遗忘了80%，等于你花了那么多的时间，最后却因为没有复习，而做了无用功。为了让我们有一个好的复习效率，我给大家推荐一个好的方法，F·O复习法，全称Five·One复习法，或称黄金5·1法则，即分成5个1的间隔时间进行复习（表2-2）。

学过的知识在1小时后复习第一遍，1天后复习第二遍，1周后复习第三遍，1个月后复习第四遍，1个季度（3个月）后复习第五遍，之后就可以按照一个季度去复习了。

表2-2　F·O复习法

复习时间	复习的次数
1小时后	第一次

续表

复习时间	复习的次数
1天后	第二次
1周后	第三次
1个月后	第四次
1个季度后	第五次

一周后复习你已经学到的信息，这可以干扰记忆的衰退过程，将大部分信息内容再保存一个月左右。如果一个月后复习时发现遗忘了什么，无论多么少，也要立即更新学习和复习，这部分可能是你没太关注或者记忆不够深刻的部分。

一个月后，再背诵一次。对广大学生来说，这是非常有效果的。如果他们遵守F·O复习法，平时已经投入足够的时间和精力去记忆信息，考试前夕只需简单复习一下累积的材料就够了。和考前开夜车相比，长期持续投资少量时间和努力，应该更有效率。

第五次也是最后一次的复习应该在1个季度（3个月）以后。这有助于巩固长期记忆。

F·O复习法的时间间隔周期最适合我。但这样的频率只是建议，你在设计F·O复习法时，可以根据自己的情况对间隔时间做一些调整。因为每个人遗忘的程度会有略微不同。

在顺利背诵材料两遍后，先休息10～15分钟，这能使复习过程发挥最大的功效。利用这段休息时间学习更多的材料，或做些有创意的活动，让信息在这段时间逐渐渗透到你的记忆库。不要惊动它，让信息慢慢孵化，等待它变得更牢固。

重复对形成长期记忆非常重要，但我们要学会用正确科学的办法来重复。

下面我们进入记忆健身房，锻炼一下，帮助我们学会如何复习。

🧠 记忆健身房

训练一（简单★）：我们学会了几种复习的方法?

_____

_____

训练二（简单★）：首尾呼应复习法是根据哪两个效应而制订的?

_____

_____

训练三（简单★★）：F·O复习法是怎么样的? 制订出自己的F·O复习法。

_____

_____

第4节 >>> 大脑需要什么

进入21世纪，以知识经济为主的社会经济模式开始不断展现出来，人们需要更快、更多、更牢固地学习、掌握各类知识。一打开电脑，就会有成千上万条的信息映入我们的眼帘。据一家权威的机构对过去十几年的信息研究发现：2015年出现的各种信息是过去10年间的总和，可见人们对知识的渴望从来没有像今天这样迫切过，也没有像今天这样高涨过。在这个信息爆炸的时代里，快速掌握知识变成了重中之重！

不可否认的一个事实是，社会不断进步，我们面临的生存压力越来越大，越来越需要记住大量的资料。我们几乎一夜间扎进了书山题海里，需要记忆的东西包围了我们。在校学生感到学习压力大；已参加工作的人在快节奏的生活中要静下心来学习更是难上加难。由于我们不良的用脑习惯，大脑部分功能负担过重，致使学习过程中记忆和思维能力下降，效率降低。经研究发现，以下十种属于不良用脑习惯，看看自己有没有中招：

长期饱食

这会导致脑动脉硬化、脑早衰和智力减退等现象。

不吃早餐

不吃早餐使人的血糖低于正常供给，对大脑的营养供应不足，久而久之对大脑有害。

甜食过量

甜食过量的儿童往往智商较低。这是因为大量甜食影响了蛋白和多种维生素的摄入，导致机体营养不良，从而影响大脑发育。

长期吸烟

常年吸烟使脑组织呈现不同程度萎缩，易患老年痴呆。

睡眠不足

大脑消除疲劳的主要方式是睡眠。长期睡眠不足或质量太差，则会加速脑细胞的衰退，聪明的人也会变得糊涂。

少言寡语

经常说富有逻辑的话也会促进大脑的发育和锻炼大脑的功能。

密闭空间

大脑是全身耗氧量最大的器官，只有充足的氧气供应才能提高大脑工作效率。

蒙头睡觉

随着棉被中二氧化碳浓度升高，氧气浓度不断下降，长时间吸进潮湿空气，对大脑危害极大。

不愿动脑

思考是锻炼大脑的最佳方法。不愿动脑的情况只能加快脑的退化，聪明人也会变得愚笨。

带病用脑

在身体不适或者患病的时候，勉强工作，不但效率不高，而且容易造成大脑损害。

如果你有以上的不良用脑习惯，必须改掉。它们可能导致头昏眼花、听力下降、四肢无力、瞌睡、注意力不集中、烦躁等现象。当你已经出现了这些现象后，出去放松一下，休息片刻，或者做几个深呼吸，伸一下懒腰，听一下音乐，都能让大脑放松很多。

想要让大脑保持良好的状态，除了避免不良的习惯之外，还要知道大脑需要的最佳环境。

我们来看看我们的大脑需要什么？

一、氧气

缺氧，人的大脑就无法正常运行，也就是说，必须保持血液循环畅通。锻炼无疑是促进血液循环、保持大脑充氧的最有效手段。无数研究表明，锻炼有助于改善大脑功能。个人经历告诉我，身体健康、状况良好时，在世界脑力锦标赛中就能更加集中精力，更加轻松地度过三天艰难的挑战。

在我看来，锻炼并不是为了练出肌肉块。简单的散步、小跑，或者家庭健身，都能让身体变得更加健康。跑步能让呼吸更加平稳，让大脑和肌肉得到充足的氧气，同时释放一些令人感觉良好的激素，让大脑保持放松的状态，心态变得更加积极。长远看来，各种形式的有氧练习，包括跑步、游泳，都对脑细胞成长有利。

所以，可以选择一种运动，让身体包括大脑保持最佳状态。

二、冷静

当人感受到压力时，大脑感受会更加明显。当我压力很重的时候，是很难正常思考的，通常是思绪混乱的。一旦处于这种状态，就很难做一些正确的决定。压力也会直接影响人的记忆力。所以我们需要让大脑冷静。

有很多办法可以让大脑冷静下来。

转移注意力

比如，可以做一些轻松的事情。去运动是一个不错的选择，也可以看看电影、电视剧、娱乐节目等。

听音乐

选择一些自己喜欢的歌曲，或者可以听一些轻音乐，让大脑放松下来。

三、健脑食物

身体需要营养供给才能更好地运作，大脑更需要。大脑需要的重要营养成分有omega-3和omega-6，这两种元素主要出现在深海鱼油里，当然还有B族维生素、胆碱以及维生素C等。

鳄梨、鸡蛋、家禽、亚麻籽、南瓜籽等都富含omega-6，而三文鱼、金枪鱼，还有大多数坚果都富含omega-3。每周吃2~3次三文鱼或金枪鱼会对身体非常有帮助。零食可以吃些坚果。深海鱼和鸡蛋还富含胆碱，对大脑有益的食物还有葵花籽、杏仁和黄豆等。

B族维生素（尤其是B_1、B_5、B_{12}）有利于提高大脑整体功能，包括记忆力。缺乏B族维生素会让人心情低落、焦虑，甚至沮丧。这时你可以多吃些水果和蔬菜，金枪鱼等也是不错的选择。你也可以吃些B族复合维生素片进行补充。尽量吃你所能买到的最好的品牌，保证自己吃到的是最健康、安全的维生素。

水果和蔬菜对健康饮食至关重要。当身体对食物进行新陈代谢并释放能量时，食物会被氧化，同时释放一些可能导致人体细胞老化的自由基。解决这个问题并不是难事，有些食物富含抗氧化剂，可以很好地中和自由基，尤其是那些富含维生素A、维生素C和维生素E的食物，黑莓、蓝莓、西蓝花、西梅干、葡萄干、树莓、菠菜和草莓都含有大量抗氧化剂。

四、锻炼大脑

不管年龄大小，大脑要保持良好状态，必须锻炼和刺激。如何刺激我们的大脑？

对于小孩子来说，给他们一些有助于刺激探索欲和求知欲，锻炼大脑的玩具，如魔方、拼图、乐高积木等。

而对于成年人来说，有更多的选择，市面上有成百上千的大脑训练游戏。研究表明，那些只需要仪器就能操控的游戏无助于提高玩家的学习能力。你需要的是持之以恒的心态，以及简单的工具，比如，记忆简单的电话号码，或者听着一些视频，去记录内容。这些都是锻炼记忆力、专注力和听力的好方式。

五、最佳睡眠

人类一生当中，三分之一的时间会在睡眠当中度过，睡眠对于人体而言，是非常重要、非常关键的。睡眠可以促进脑部的发育；可以巩固记忆；能够促进体力和精力的恢复；能够促进生长发育；能够促进免疫机能发展；还能够对神经系统起到一个很好的保护作用。接下来，我们一起来了解一下睡眠的模式。

我们的睡眠分为"深睡眠"和"浅睡眠"两种模式。

深睡眠和浅睡眠的区别在于身体所处的状态不同，以及在睡眠周期中所占的时间不同。浅睡眠是睡眠状态的天然阶段，通常是进入睡眠状态后的第二个阶段。处于浅睡眠期的人非常容易被吵醒，睡眠状态并不稳定。一夜的浅睡眠期时间要长一些。而深睡眠期是人体比较深层次的睡眠阶段，在这个时期身体和大脑都处于完全放松的状态，对于恢复体力和脑力是非常重要的。而且深睡眠对稳定情绪、恢复精力、平衡心态、增强免疫功能都是非常必要的。

晚上睡前的一段时间很重要。改变睡前30分钟的度过方式，可以让睡眠质量提高。下面提供几个有助于睡眠的方法给大家：

泡脚

适用各种类型的睡眠不佳。足部向来被中医认为是人体的根，很多重要的经脉的起止都在于足部，所以才有了"人老足先老""寒从足上生"等经验之谈。通过选用具有改善睡眠功能的植物提取液浸泡足部，具有明显的调和阴阳、镇静安神的效果，再通过适当的穴位按摩，可以通过经络直接刺激掌控睡眠的脏器，改善睡眠不佳的状态。

助眠晚餐

晚餐少吃容易让胃不安稳的食物。例如，大豆等产气食物、高油脂的肉类及蛋糕点心、辛辣刺激的食物等。晚餐吃七分饱就好，宜清淡少量，可以吃一些能疏肝减压、补充精血、调理脾胃的食物。晚餐尽量安排在晚7点以前，最迟也要在睡前3小时进食，睡前2~3小时尽量不要吃东西了，以免就寝时肠胃还在工作，无法休息，夜里睡不安稳。

另外，睡前可以喝牛奶、香蕉汁、蜂蜜水等来帮助睡眠。但是对于一些基础病患者，应该根据自身的情况，选择适合自己的饮品。

1. 睡前可以选择喝一杯牛奶，牛奶中含有丰富的优质蛋白，可以起到安神的作用。牛奶中含有的色氨酸可以发挥镇静安神的作用。

2. 睡前可以选择喝一杯香蕉汁，香蕉汁中含有很多的复合胺和镁，可以帮助人们缓解紧张、焦虑的情绪，从而更好地入睡。

3. 睡前可以服用一杯蜂蜜水。蜂蜜中含有少量糖分，可以刺激大脑释放有镇静作用的物质，具有很好的安神功效，可以提高睡眠的质量。

睡眠环境

1. 温度暖一些，再暖一些。卧室温度尽量保持高一些，比较暖的环境容易让人产生困意，并且保持良好的睡眠质量。灯光尽量选择淡黄色灯光。

2. 床铺不要太软，过软的床铺会让身体觉得很舒适而较少改变睡姿，这样容易造成全身气血循环的不畅，导致睡眠质量降低，早晨醒来时感觉没有解乏。

3. 睡不好的人，枕头里不妨放一些具有镇静、安神的芳香干燥植物。这些香味会让我们产生很放松的感觉，在这种放松的状态下，很容易进入睡眠。

有助于睡眠健康的枕头包制作法：枕头的主料（荞麦皮、茶叶等）占70%，另外30%再选取一种或几种芳香植物混合，一起做成枕头。或把这些芳香植物装在布袋里，缝成小包，塞进枕头里即可。嫌麻烦的话，也可以上网购买现成的中草药枕头包。

希望大家重视睡眠的质量，这不仅对大脑，对身体也是极其有好处的。

下面我们进入记忆健身房，锻炼一下吧！

记忆健身房

训练一（简单★）：大脑需要什么？

_____

训练二（简单★）：有助于睡眠的几大方法是哪些？

_____

本章总结

一、把记忆"书写"出来

从日记开始，从不同的角度、感觉开始书写，从心灵之眼、心之认识、心之所向、心之感觉，四个方面入手。

二、如何写日记——特殊训练

从哪四个部分开始训练写日记？回顾重大事件—拆分故事—自然记忆—情景记忆，这个过程也是逐渐培养记忆习惯的开始。

三、避免遗忘的方法

复习的四种方法：首尾呼应复习法；影像复习法；生物钟复习法；F·O复习法。

四、大脑需要什么

摒弃不良的用脑习惯，学会正确地使用大脑，大脑需要氧气、冷静、健脑食物、锻炼，以及最佳睡眠。

第三章

天马行空的想象力

第1节 >>> 创造心象的能力

有很多人对于超出自己认知的事物持怀疑态度。除非亲身体验，否则不会相信。以前的人不相信地球是圆的，也不相信有朝一日人能飞在空中。以乘飞机为例，从知识上讲，我们知道飞机能飞，许多次看到和听到过它们从头顶飞过，但视觉与听觉只是感觉中的两种。你可能属于那种需要更多体验的人。你坐在椅子上，系好安全带，引擎开始转动，飞机冲上跑道，你感觉到机身的震动和巨大的加速度，然后，飞机离地一飞冲天，到了这时，你几乎已经用了每一种感官来体验飞行，才完全相信这东西真的能飞。记忆也是如此。坚持下去，你就会开始体验到与生俱来的记忆的威力。我们即将探讨的就是如何运用全部感觉来为创造记忆注入活力，提高记忆的清晰度。

我们之前讨论过，在一天结束之时将当天的重要事项通过日记的方式写下来有助于训练心灵的眼睛。一些关键的问题和字组合在一起可以成为一幅心灵的画面，然后，你可以为它增加更多细节。我把心中浮现的心灵图像称作心象。我们改善记忆时，会用到很多的心象。这个练习可以向你证明，一个图像是怎样在心里建立起来的，而不是拿你心中现成的随便什么印象拼凑成的。先从几个简单的问题开始，带大家建立心灵图像。

1. 你有对象吗？

2. 你家住哪里？

3. 你从事什么职业？

4.你喜欢到哪旅行？

5.你最喜欢的业余爱好是什么？

我们如何通过建立心灵图像来记住这5个问题呢？首先，我们必须创建5个图像来代表这五个问题，第一个问题可以想象成一对穿着情侣服装的情侣；第二个问题可以想象成一间小木屋；第三个问题可以想象成一把斧头（伐木工人）；第四个问题想象成飞机；第五个问题想象成羽毛球拍。到这里，5个问题已经成功转化成了心灵图像。

接下来要开动我们的大脑，把这五个问题转化成的心象组合在一起：情侣、小木屋、斧头、飞机、羽毛球拍。你可以任意组合变化5个图像，创造成一幅图像，举个例子：一对情侣在小木屋拿着斧头劈向印着羽毛球拍的飞机模型。这样，是不是就创造了一幅完整的图像了呢？你也可以想出更多不同的图像组合。

心象创建后，要深刻地记住，还可以为它增添更多的色彩，也就是加入更多的感觉，比如：情侣刚刚在吃一个生日蛋糕。这种吃的画面，涉及味觉。再比如，摸着小木屋，感觉木头挺粗糙的。这种触觉也会让我们记忆深刻。打羽毛球的感觉也可以加入进来。有很多人是羽毛球健将，打得非常好。这种感觉就很容易记住。

现在，你已经学会如何创造心象，那么每次创造心象的时候，都为自己的心象增添更多的色彩吧！相信你一定可以记得更加深刻。

下面我们进入记忆健身房，锻炼一下吧！

🧠 记忆健身房

训练一（简单★）：学霸的5个好习惯，请大家为它们创建心灵图像。

1.预习：上课之前要预习。

记忆健身房

2. 复习：学完课程要复习。

3. 思考：遇到学习问题，先看知识点笔记思考，而不是直接搜答案。

4. 记笔记：记课上的重点难点，梳理知识点，考试好复习。

5. 解题详细：解题过程尽量详细，能够更好地锻炼思维逻辑能力。

训练二（一般★★）：这是非常有用的十条家规，请大家为他们创建心灵图像。

1. 礼貌：见到熟人主动打招呼。

2. 独立：自己的事情自己做。

3. 坚持：做事持之以恒。

4. 诚实：任何时候不能撒谎。

5. 节俭：不能浪费食物。

6. 大气：好的东西要学会分享。

7. 反思：承认责任，做错事情主动道歉。

8. 智慧：遇到问题想办法解决。

9. 热情：积极主动帮助别人。

10. 认知：大胆尝试，坦然接受失败。

第2节 >>> 联想的六大技巧

什么是图像记忆？图像记忆就是把需要记忆的资料转化成生动的图像，像看电影那样来进行记忆。充分发挥自己的联想力，加入自己的感觉，让记忆变得更加夸张、天马行空，那么你的记忆潜能也会慢慢释放出来。

下面，我们先来体验一下图像记忆，看我们是否通过心灵图像就能记住更多的内容。这次我们记忆16个词语。只需要发挥出我们的想象力。我保证，你不仅可以一次性按顺序背诵下来，还可以做到倒背如流。

接下来呢，我们简单快速地将这16个词语读一遍。看清楚里面的文字内容就可以了。不需要去记，因为我会带着大家一起记。

话筒	火炬	电风扇	鸵鸟
手机	丝巾	溜冰鞋	大提琴
算盘	插座	灭火器	金牌
存折	玫瑰	飞机	恐龙

放松心情，一边看着文字，一边发挥自己的想象力，想想自己心中的心灵图像，让这16个词语成为一幅生动的图画。我们来展开联想：

一个话筒的顶端炸开后，出现了火源，变成了一个火炬。火炬点燃了巨大的电风扇。电风扇吹出了一只鸵鸟。鸵鸟往前奔跑，踢飞了一个手机。手机的屏幕上，飞出一条丝巾。丝巾绑在溜冰鞋上。溜冰鞋往前溜着，撞翻了大提琴。大提琴压住了旁边的算盘，算盘插进了插座。插座不堪重负倒向了灭火器。灭火器里喷出一块金牌。金牌存到了存折上，用存折换了一朵玫瑰。玫瑰印到了飞机上。飞机撞向恐龙，恐龙就受伤倒在了地上。

看完了短文，你是不是已经记下所有的词语了呢？你或许还不确定。不过还是挺好玩的，好像记住了，又好像没记住。没关系，我们先来回忆一下：大脑中是不是首先出现了话筒呢？

话筒爆炸后变成了什么？没错，变成了火炬，那么火炬点燃了什么呢？点燃了一个巨大的电风扇。电风扇里吹出了什么呢？好像是一只动物，没错，就是鸵鸟。鸵鸟奔跑着，踢飞了一部什么呀？对，踢飞了一部手机。手机屏幕上飞出了什么呢？是一条丝巾。丝巾绑到了什么上？没错，是溜冰鞋上。溜冰鞋滑向什么呢？滑向了大提琴。这大提琴一倒，压住了一个什么呢？对，是算盘。算盘插进了哪里？没错，插进插座。插座不堪重负，倒向了什么？对，是灭火器。灭火器喷出来一块什么？一块金牌。金牌存到了什么上？存到了存折上，用这个存折换了一朵玫瑰。玫瑰印到了飞机上，像一个标志。飞机撞向了恐龙，恐龙受伤倒地上了。

如何，是不是都记住了呢？运用图像记忆方法，我们可以更好、更深刻地记住要记的内容，当然这个过程我们需要一些技巧来进行联想。首先从一个词语展开联想，让我们脑洞大开一下。

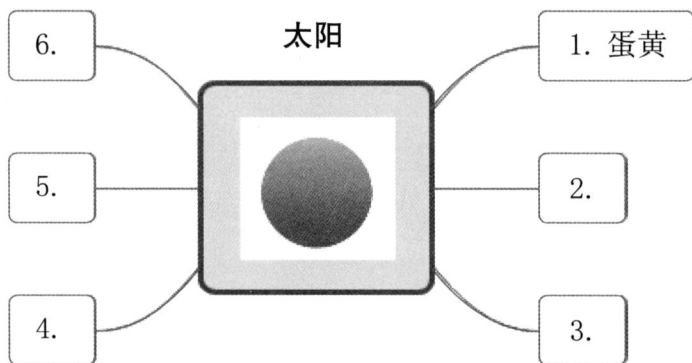

根据"太阳"这个词，我们能想到什么？我把方向和数量规定一下，不能按直线方向去想，例如：由太阳想到了蛋黄，由蛋黄想到了小鸡，由小鸡想到了米粒，由米粒想到了农田，由农田想到了田鼠，等等。从不同角度横向去联想，才能激发我们的想象力。数量的话，我们尽量想到5个以上，这样就可以更好地锻炼自己。刚开始只想到一个或者两个都没有关系。我先给大家示例一下！

6. 微笑	太阳	1. 蛋黄
5. 月亮		2. 棒棒糖
4. 弹珠		3. 火球

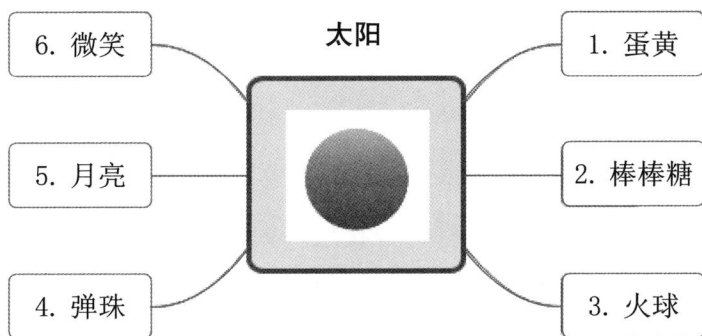

如果你还是比较难联想到很多的东西，那么可以从以下几个方面来进行联想练习。

一、形状

实体一般都有形状，而通过形状相似可以联想到的东西就有很多了。从"太阳"这个词语来看，没有什么特点，但是它的形状是圆的，圆形的东西可多了，比如：各种球（篮球、足球、乒乓球等），星球（火星、水星、月亮等），其他圆形物品（奥运五环、茶杯盖、纽扣等）。大家多观察事物，相信从形状上去联想会很容易。

二、颜色

太阳看上去是黄色的，当然有人说是淡黄色、红色等。从颜色这个角度来说，可以联想到的是什么呢？小黄车、秋天的叶子、红绿灯里的黄灯、黄色安全头盔、黄色的球衣等。只要你见过的，在大脑中印象深刻的都可以。

三、数量

对于地球而言，太阳只有一个，因此从数量角度去想的话，相对有点难度。此时可以结合其他方面来思考。单纯从太阳想到多个太阳，会想到一个故事传说——后羿射日。由此，我们还可以想到很多个弹珠的棋盘、瓜地、吹出来的水泡泡、很多气球、游乐场里的泡泡球等。从这个角度联想需要有些经验。

四、温度

我们还可以从温度的角度进行联想。太阳很热，提取出来的就是温暖或者热。从热的角度来想，就有很多相关事物：热开水、热气球、水蒸气、铁炉、烧着的煤球等。而从温暖这个角度，我们可以联想到妈妈对孩子的照顾，温暖的感觉，温暖的妈妈等。

五、反方向

太阳的反面是什么呢？这似乎有点难，我们可以分不同角度去想：从整体的角度来看，我想到的反面就是月亮；从热这个角度来想，就可以想到冷，如北极和南极、冷藏柜、冰箱等。

六、饮食

饮食这个角度比较综合，可以结合形状、颜色、反方向、数量来联想，如棒棒糖、圆形巧克力、热乎乎的牛肉丸、雪球冰淇淋、橘子、数量很多的跳跳糖等。我们可以想到很多。

除了这两个角度，大家也可以从更多的角度来想，越多越好。联想的过程也是锻炼自己记忆力的过程。一些字词联想本身就比较具体，很容易联想，如果是一些相对抽象的词语，我们应该如何联想呢？

来看"美好"这个词语，我们也可以从上面几个角度去想，还可以拆字。请大家尝试着去联想一下。

下面我们进入记忆健身房，锻炼一下吧！

记忆健身房

训练一（简单★）：我们为以下的几个词语展开联想训练。

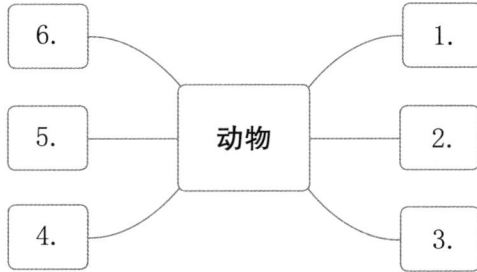

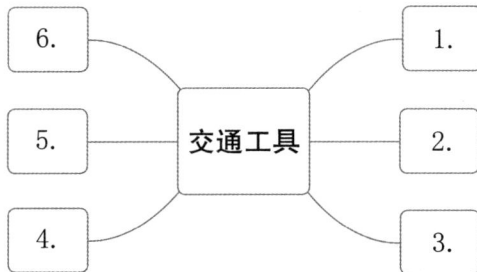

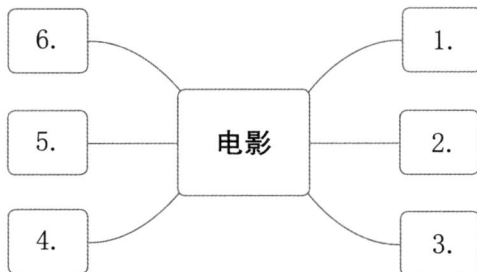

```
6.                    1.
5.        动物         2.
4.                    3.
```

```
6.                    1.
5.      交通工具        2.
4.                    3.
```

```
6.                    1.
5.        电影         2.
4.                    3.
```

记忆健身房

训练二（难★★★）：我们为以下的几个词语展开联想训练。

6.		1.
5.	幸福	2.
4.		3.

6.		1.
5.	聪明	2.
4.		3.

第3节 >>> 图像转换的四大法则

记忆法中最基础的就是对记忆内容的转换。我们需要把它们转成自己熟悉的事物，这对初学者来说有一定的困难。所以，我们需要练习，通过以下的法则来练习的话，相信凭借你们的想象力，图像转换能力一定会突飞猛进。

一、谐音

这个转换的方式就是通过读音相似的方式，将不熟悉的字词转换成熟悉的词语。比如，"经济"这个词语比较抽象，那我们就需要将它转换一下，变成"金鸡"，或者是"荆棘"。这两种或者其他的谐音词语都是可以的，只要有图像。

经济—金鸡

经济—荆棘

我们来练习一下：

美化—	画眉—	摆渡—	相交—
悲剧—	风景—	压力—	洗澡—

转换参考：

美化—梅花	画眉—话梅	摆渡—百度	相交—香蕉
悲剧—杯具	风景—封井	压力—鸭梨	洗澡—洗枣

相信你通过这一组对谐音的练习，应该会熟悉很多。

二、倒序

倒序，顾名思义就是将字或者词，倒过来用。比如，雪白是一个形容词，倒过来后，变成了白雪，这就变成具体的图像了，便于我们去记忆。下面我们直接来练习一下这种联想：

千秋—	王国—	马上—	草绿—
犯罪—	人好—	当家—	虫害—

转换参考：

千秋—秋千	王国—国王	马上—上马	草绿—绿草
犯罪—罪犯	人好—好人	当家—家当	虫害—害虫

三、代替

我们在联想字词的时候，难免会遇到一些比较困难的情况。此时，我们就需要对这些词语进行一些转换。我们来看一个例子："财务"这个词语相对抽象，我们可以用"有钱"来代替它，进而想到人民币或者美金，或者还可以想成会计。再如，我们可以把抽象的"高兴"想成具象的"笑脸"。这样代替后，就会有具体的图像了。我们来练习几个词语：

方法—　　　　　　　　环保—

脏—　　　　　　　　　自由基—

安全—　　　　　　　　冬天—

错误—　　　　　　　　照耀—

转换参考：

方法—电灯泡	环保—绿色草地
脏—脏水	自由基—自由的鸡在地上清理虫子
安全—安全帽	冬天—冰天雪地
错误—×	照耀—太阳

四、增减字

当碰到比较抽象或者比较难记的词语时，我们可以通过增字或者减字的方式对词语进行联想。比如，我们可以对"机器"增加一个字，得到"机器狗"这个词，这样就更容易想象。我们来练习几个词语：

信用—	土拨—	开心—	无名—
剑兰—	面—	大马哈—	消防—

转换参考：

信用—信用卡　　　土拨—土拨鼠　　开心—开心果　　　　无名—无名指

剑兰—剑　　　　　面—面膜　　　　大马哈—大马哈鱼　消防—消防员

下面我们进入记忆健身房，进行综合训练，锻炼一下吧！

🧠 记忆健身房

训练（难★★★）：请对下面的词语进行图像转换练习。

恐惧　奖励　沮丧　无线　显示　混乱　许可　想象

索引　处理　稳定　阀　　阅读　浪漫　请教　难题

第4节 >>> 联想配对的三大方式

配对联想法就是利用想象和联想的方式，将一一对应的知识紧密地结合在一起，以实现深刻记忆和快速提取。配对联想主要有三大方式，动作、合并、拟人。

一、动作

我们来看一些可以连接的词语，看看什么是动作。比如，插板和杯子，我们把这两个联想在一起。有些人会想杯子放在插板上，或者插板放在杯子上。

这两种都属于动作——放。那我们是不是还可以用其他动作？比如，插板砸向杯子，杯子就出现了一个破洞。还可以产生其他的动作。

我们来简单练习下，自己想象图像哦！

1. 乒乓球—西瓜　　2. 犀牛—洗手液　　3. 电话—台灯

想象过程：

1. _____

2. _____

3. _____

记忆参考：

1. 乒乓球撞击并穿过西瓜。

2. 犀牛用犀牛角撞翻了洗手液。

3. 电话线缠绕着台灯。

相信大家通过上面的练习应该基本掌握动作联想配对的方式了。

二、合并

把两个不同的词语联想的图像合并在一起，形成一个相对完整的图像，就属于合并。

我们会经常在网络上看到一些比较整体的PS图像，大多是经过合成处理的，但是又很和谐。很多3D动漫或者游戏里也会出现一些合成的图像，如牛头人。而我们也需要在大脑中把不同的词语合并起来。

牛头人

我们通过几个词语来练习一下合并的方式：

1. 苹果—青蛙　　2. 鳄鱼—鞋子　　3. 篮球—小猫

想象过程：

1. _____

2. _____

3. _____

记忆参考：

1. 青蛙苹果人。

2. 鳄鱼靴子。

3. 小猫篮球人（猫头、篮球身体）。

相信大家通过上面的几个练习，应该了解了联想合并的用法。

三、拟人

把物品、动物想象成"人"的形式进行联想称为拟人。我们在动画片里经常看到这种表现手法，如海绵宝宝、猫和老鼠等。我们以动物为例子：鹅—水。想象：鹅口渴了，端起杯子，大口、大口地喝水，喝完还说，再来三杯！再如，桌子—电话。我们可以这样想象：桌子先生站了起来，拿起电话就大声吼道：谁啊，老打电话吵醒我！

所以，很多字词都是可以进行拟人的联想配对的。接下来，我们通过几个简单的例子来练习一下：

1. 杯子—照片　　2. 门—大象　　3. 钩子—火炉

想象过程：

1. _____

2. _____

3. _____

记忆参考：

1. 杯子站起来拿着照片仔细查看。

2. 门对大象说："你进不来的。"

3. 钩子跳进火炉笑道：真钩子不怕火来炼。

相信大家通过上面的几个练习，已经了解了拟人配对联想的方式。

下面我们进入记忆健身房，进行综合训练，锻炼一下吧！

记忆健身房

训练一（简单★）：请对下面的词语进行配对练习，三种方式都可以。

1. 辣椒—青蛙　　2. 樱桃—桌子　　3. 洗手液—显示器

4. 魔方—打气筒　5. 卫生纸—钢管舞　6. 排球—游泳

7. 牙疼—数钞票　8. 鱼头—杨梅　　9. 猴子—指南针

10. 高跟鞋—照镜子

想象过程：

1. _____

2. _____

3. _____

4. _____

5. _____

6. _____

7. _____

8. _____

9. _____

10. _____

第5节 >>> 提高联想力的要点

联想的能力每个人都有，但水平不同。我们可以通过以下几种方法，提高自己的联想力，增加清晰度。

一、夸大其词

联想是新知识和旧知识之间建立起联系的桥梁。知识积累得越多，知识联系得就越广泛，就越容易产生联想，越容易理解和记忆新知识。如果你想记住什么，你要做的就是将它与已知或已记住的东西联系起来。要想联想得好，就要学会夸张。

为什么有的广告如此浮夸，却能让我们记忆深刻？因为大脑就喜欢这种状态。

那些带节奏的广告曲总是在大脑中环绕，只要伴奏一响，我们会条件反射般往下唱；当你在商店看到这种产品，脑袋中也自然会出现它的广告，而且会哼上两句。

如果我们在联想一些词语的时候，加入一些夸张的手法，心象就会完全不一样。比如，西瓜、企鹅、冰箱、口香糖、小狗、水杯，如果直接读一遍这些词语，很难有一个完整的心灵图像。加入些夸张的想法试试看。

西瓜：红彤彤的一片片西瓜。

企鹅：站在冰天雪地里溜来溜去。

冰箱：冰箱一打开，冰块飞出，冰箭四射。

口香糖：口香糖粘在口中。

小狗：小狗汪汪大叫，似乎有坏人进来。

水杯：水杯在空中炸裂。

当我们开始往字词里加入夸张的手法，是不是大脑里更容易有图像感呢？

二、生动有趣

听着枯燥的理论课程而晕晕欲睡，一下课就又神采奕奕。这是发生在许多人身上的事。我们的大脑喜欢有趣且生动的话。当声音以一种大脑喜欢的方式出现的时候，大脑就开始专注了，人也会专注起来。

我们在记忆力和思维能力训练上，一定要学会为自己的联想添加一些生动有趣的画面。为做到这一点，平时的积累尤其重要。有时候，一些娱乐节目、相声、电影桥段，都是很好的素材。当我们拥有了更多的素材，在联想上也会更上一层楼。

三、发散思维式联想

什么是发散思维？

发散思维又称辐射思维、放射思维、扩散思维或求异思维，是指大脑在思考时呈现出一种扩散状态的思维模式。

在生活和学习中，经常进行发散思维能力训练，可以很大程度地帮助大脑提高创造力、想象力，当然联想的心象清晰度也会更加的优质。

下面我们进入记忆健身房，进行训练，锻炼一下吧！

记忆健身房

训练一（简单★）：提高联想力的方式有哪几种？

_____

_____

记忆健身房

训练二（简单★）：如何发散？

魅力

_____

_____

梦想

_____

_____

训练三（简单★）：提高自身有趣程度的方式有哪些？

_____

_____

本章总结

一、创造心象的能力

大胆尝试，大多数的内容可以直接产生心灵图像，一些难的词汇可以用代替的方式产生图像。

二、联想的六大技巧

联想训练的时候，可以从六个角度出发，会更容易想到不同的内容，分别是形状、颜色、数量、温度、反方向、饮食这几个角度。

三、图像转换的四大法则

当我们遇到一些抽象的字词和短语的时候，可以运用到图像转换的四大法则，分别是谐音、倒序、代替、增减字。

四、联想配对的三大方式

当我们联想的时候，会有不同的方式，有三大方式比较普遍，分别是动作、合并、拟人。

五、提高联想力的要点

提高联想力就必须从3点入手：夸张夸大；生动有趣；发散思维式联想。

第四章

锁链以及电影串联法

第1节 >>> 锁链记忆法

一、锁链记忆法

锁链记忆法就是将我们要记忆的资料转化成图像，然后像锁链一样，一环扣一环地连接在一起，然后回忆成内容。

二、锁链记忆法的用法以及规则

1. 资料转化成图像。

2. 图像前一个连接后面一个，而不是后面的连接前面的。

3. 回忆的图像和记忆图像要一致。

4. 在一天内可以无限记。

5. 一次记忆内容不宜太多，否则容易混淆。

三、锁链记忆法训练

我们先用10个相对有具体形象的词语来练习一下：

松鼠　　白板　　电脑　　水杯　　铅笔

电话　　雨伞　　吉他　　叶子　　水龙头

记忆参考：

一只松鼠爬上了一个白板。白板上画了一个电脑，电脑显示了一个水杯。水杯里的水倒在了铅笔上。铅笔插入了电话听筒里。电话线缠绕在了雨伞上。雨伞一打开，里面掉出一把吉他。吉他弹出了很多叶子。叶子飞到了水龙头上。

好了，我们来回忆一下，是不是轻松回忆起来了呢？

我们在运用锁链记忆法的时候，一环扣一环，必须将前面的内容和后面相邻的内容紧密连在一起。如果没办法在这个过程中紧密联合，在回忆的时候很有可能会忘记。假如我们要记住A、B、C、D、E、F这样的内容，我们需要将A联系到B，再从B联系C进行锁链连接，依次类推到F。这个过程中不可跳跃，不能直接从A到C，也不能中间有倒序，比如，A到B，C到B，否则会造成回忆的时候，顺序混乱，尤其当我们记的数据量多的时候。

利用锁链法，我们可以任意抽查记忆内容，比如，B后面是什么，G前面是什么，非常方便。这个方法也很适用于初学者。

我们来进行一些不一样的训练，增加一些不容易出图像的词语，提高对锁链法的应用。

示例训练一：词语训练

象牙	柠檬	护士	花瓶	短笛	办公	蛋糕
火柴	插头	蠕虫	鳗鱼	愿望	沙漠	香槟酒
电缆	脂肪	蛋黄	胡椒	补品	扇子	说话

参考及分析：

在记忆的过程中，我们会发现有几个词语相对抽象，需要稍微转化一下。转化成具体图像后，再进行锁链连接。

转换示例：

柠檬—柠檬汁　　　　　　　　办公—办公室

愿望—爱心（代替：上面写满了愿望）

脂肪—猪油渣（代替）　　　　补品—人参（代替）

记忆参考：

一颗硕大的象牙上流下了柠檬汁，柠檬汁滴到了护士的头发上。护士买了一个新的花瓶，花瓶里有一根短笛。短笛声响彻办公室。办公室里有一块大蛋糕，蛋糕上面插了一根火柴。火柴点燃了插头。插头里爬出一条蠕虫。蠕虫爬到了鳗鱼身上。鳗鱼写下了自己的愿望（爱心）。愿望（爱心）飘到了沙漠。沙漠里出现了一瓶香槟酒。一打开香槟酒，弹出了一条电缆。电缆缠绕在猪油渣上（脂肪）。猪油渣（脂肪）在蛋黄里搅拌。蛋黄喷出了很多胡椒粉。漫天飞舞的胡椒粉撒到了人参（补品）上。人参拿着扇子张开嘴巴说话。

我们记忆的素材内容多的话，记忆完成后，要回忆一下。有些人可能不能一次就回忆完整，甚至在某些词上出错，没有关系，只需要对照原来的内容，再看一下，对于忘记或记错的部分再转化一下。相信你能够完全回忆出来，因为大脑改错的能力非常强大。

示例训练二：句子训练

1. 古来事业由人做。

2. 慎虑无后患。

3. 信用是成功的伙伴。

4. 美是恋人的赠品。

5. 常用的钥匙最光亮。

6. 万事莫贵于义。

7. 实践是思想的真理。

8. 天下兴亡，匹夫有责。

9. 学业不成死不还。

10. 言必诚信，行必忠正。

参考及分析：

首先我们需要通读每一个句子，从每个句子当中提取有用的关键字词，然后转化成图像进行连接。

1. 事业　　2. 慎虑　　3. 信用　　4. 美　　5. 钥匙

6. 义　　　7. 实践　　8. 责　　　9. 学业　　10. 言行

我们来看一下这些关键字词，有些会比较难，所以需要先转化一下。

1. 事业—商务电脑

2. 慎虑—深驴（深色的驴）

3. 信用—信用卡

4. 美—美女（自己心中认为的美女就行）

5. 钥匙—钥匙

6. 义—义和团（清朝时期的农民运动）

7. 实践—石剑

8. 责—扁担（代替，肩上扛的扁担代表责任）

9. 学业—毕业证书

10. 言行—嘴巴走路（想象嘴巴像一个人一样）

记忆参考：

拿出商务电脑，显示出一头深色的驴。深驴吐出一张信用卡，信用卡上印了一个美女。美女拿着钥匙。钥匙放在了义和团的手里。义和团拿起石剑。石剑劈向扁担。扁担压住了毕业证书。毕业证书上画着一张嘴巴在走路！

联想的故事记住后，我们需要由每一个关键词语来回忆整个句子。刚开始能回忆出80%的句子就可以，然后对照原文，找出不一样的地方，加以补充修正，最后还原全部的句子。

下面我们进入记忆健身房，来锻炼下自己的大脑吧！

记忆健身房

训练一（简单★）：用锁链法记忆以下十大心理效应。

1.蝴蝶效应　　2.鳄鱼法则　　3.鲶鱼效应　　4.青蛙效应　　5.羊群效应

6.刺猬法则　　7.手表定律　　8.破窗理论　　9.二八定律　　10.木桶理论

训练二（难★★★）：用锁链法记忆以下词语。

营救	史诗	木偶	忠诚	客人
视网膜	纸盒	耳环	服务	油
洗发	日历	彩纸	茶壶	口音
麦克风	哲学家	托盘	相机	彩笔

提示：先转化图像，再进行连接记忆。

训练三（难★★★）：用锁链法记忆以下的句子。

1.用爱心来做事，用感恩的心做人。

2.人永远在追求快乐，永远在逃避痛苦。

3.有多大的思想，才有多大的能量。

4.人的能量＝思想+行动速度的平方。

5.励志是给人快乐，激励是给人痛苦。

6.成功者绝不给自己软弱的借口。

7.你只有一定要，才一定会得到。

8.决心是成功的开始。

9.当你没有借口的那刻，就是你成功的开始。

10.命运是可以改变的。

提示：先提取关键字，转化成图像，再进行锁链法连接，记忆、回忆整个句子。

第2节 >>> 电影串联法

一、电影串联法的定义

电影串联法是把我们要记忆的内容编成一个故事，并把故事发生的整个流程像电影一样记录在自己脑海的方法。

在我们学习锁链法的过程中，一定会有很多人不适应这种方式，会有所抗拒，他们会想，有没有其他的方式可以更好地结合这些内容，而且更容易有联想的感觉呢？答案是肯定的。这种方法就是电影串联法。我们的大脑非常擅长编故事。利用这一点，我们将需要记忆的内容编成故事，就像是拍电影一样，记忆完成后，把它放出来，回忆的步骤就像是放电影。虚构的这个故事或者影像场景越是离奇、幽默、夸张，加入的感觉越多，就越容易被大脑记住。

二、电影串联法的训练

记忆素材可以简单地分为两种：文字类和数据类。先从简单的文字开始进行词汇训练：

梅花　绅士　姿势　猎狗　沼泽　灰尘　金属　化石　典礼

厨房　律师　司令　鸡肉　图书　铅笔　马达　风车　地铁

我们来使用电影串联法记忆这次词汇。

记忆参考：

我们拿着一朵梅花插在绅士身上。绅士顺势摆了个姿势，然后牵着猎狗，不小心踩进了沼泽，于是拍了拍身体，落下灰尘使沼泽凝固。出来之后变成金属脚，一踩地上一个大坑，裂开后发现了化石，于是就举办了一场盛大的典礼。在厨房里，一个律师正在为司令做一道美味的鸡肉。然后大家一起去了图书馆，里面有一只巨大的铅笔插进了马达。马达启动后，风车飞快地旋转，带着地铁往前跑。

怎么样，是不是就像自己是导演，自己编排剧情，拍电影一样？我们根据编排的线索，放一遍电影，就能回忆起来记忆的内容了。接下来，我们进入放电影的过程。

我们拿着一朵_____插在_____身上。绅士顺势摆了个_____，然后牵着_____，不小心踩进了_____，于是拍了拍身体，落下_____使沼泽凝固。出来之后变成_____脚，一踩地上一个大坑，裂开后发现了_____，于是就举办了一场盛大的_____。在_____里，一个_____正在为_____做一道美味的_____。然后大家一起去了_____馆，里面有一只巨大的_____插进了_____。马达启动后，_____飞快地旋转，带着_____往前跑。

当然，我们自己拍的电影可以不拘一格，只要夸张、生动，让自己记得住，随便怎么拍都行。

接下来，我们来用拍电影的方式来记忆数字，附录中有数字编码的转化。

14	15	92	65	35	89	79	32
钥匙	鹦鹉	球儿	锣鼓	珊瑚	芭蕉	气球	扇儿

38	46	26	43	38	32	79	50
蒜瓣	石榴	水流	石山	蒜瓣	扇儿	气球	武林盟主

28	84	19	71
恶霸	巴士	衣钩	鸡翼

这些数字就是圆周率前面40位，我们来尝试记忆一下。

记忆参考：

我们用一把钥匙给鹦鹉打开了枷锁，抓住球儿，踢破了锣鼓，里面掉出了珊瑚。拿着珊瑚换了芭蕉。芭蕉形状的气球底下绑了一把扇儿。扇儿一挥，掉落几颗蒜瓣。蒜瓣的臭味围住了石榴。石榴中挤出了很多水流。

水流沿着石山。滋润着底下的蒜瓣种子。我们拿起旁边的扇儿，把前方的一堆气球扇到武林盟主面前。武林盟主带着恶霸冲进巴士车，一起拿着衣钩吃起鸡翼。

我们开始放电影，回忆这40位数字。

我们用一把_____给_____打开了_____，抓住_____，踢破了_____，里面掉出了_____。拿着珊瑚换了_____。芭蕉形状的_____下绑了一把_____。扇儿一挥，掉落几颗_____。_____的臭味围住了_____。_____中挤出了很多_____。水流沿着_____，滋润着底下的_____种子。我们拿起旁边的_____，把前方的一堆_____扇到_____面前。武林盟主带着_____冲进_____车，一起拿着_____吃起_____。

好，是不是都回忆出来了？恭喜你记住了圆周率小数点后40位，要把这40位变成长期的记忆。

3.1415926535897932384626433832795028841971

用电影串联法的时候，自己通常作为一个角色或主角进入电影情节，这就是电影串联法的核心。

电影串联法和锁链法的不同点：

1. 锁链法一定要把记忆内容转化成图像，再进行两两连接，电影串联法就不需要，形容词、动词等都可以拍成电影。

2. 锁链法的记忆是前后两个词汇的转化图像之间的连接，举个例子：A连接B，B连接C，C连接D。A只和B有关系，C只和D有关系，D只和E有关系，其他词汇相互之间都没关系。而电影串联法需要用电影的角度去看整个记忆内容，更符合一条线索，是一个整体，就是会穿插线索内容，所以也更有趣些。

三、电影串联法的技巧

使用电影串联法时，一些技巧可以帮助我们记得更深刻。

夸张

平淡的内容是很难引起我们的注意的，它们就像电影的背景，被大脑过滤掉，只为更好地记住那些奇特、夸张的信息。古人就会经常用夸张的手法来形容一些事情，比如，和大汗淋漓比起来，肯定是挥汗如雨更加容易记得住一些，因为更加夸张。再如，无孔不入、人山人海、气吞山河等成语。

我们对于联想的内容可以往过程、内容上增添夸张的部分，让我们更容易记住。

生动滑稽

在联想的过程中，在把内容转化成图像之后，往里面各个角度去增加生动的内容，如形状、颜色、数量、体积以及一些动作，还可以加入感觉和幽默的成分等，让画面更清晰，记忆更深刻。

关己

电影串联法最重要的部分就是把自己当成主人公，如此，拍电影的时候，就会更加注重里面的感觉，也能给大脑留下更深刻的印象。

接下来，我们进行一些练习，帮助大家提高对电影串联法的掌握，以下是一些文学常识的记忆。

艾青主要作品：

《归来的歌》　　《北方》　　　　《他死在第二次》　　《旷野》

《反法西斯》　　《黎明的通知》　　《愿春天早点来》　　《雪里钻》

记忆参考：

艾青在北方的旷野里，邀请了一位名叫反法西斯的人，一起唱了一首归来的歌，然后开始往雪里钻，他死在第二次，于是村里发出了一个黎明的通知，内容是愿春天早点来。

我们用放电影的方式来回忆一遍：

艾青在_____的_____里，邀请了一位名叫_____的人，一起唱了一首_____，然后开始往_____，他_____，于是村里发出了一个_____，内容是_____。

这样是不是就把艾青的8部作品都记住了呢？作品并不需要按顺序排放，我们可以自己编排顺序。

茅盾的作品：

《腐蚀》　《虹》　《锻炼》　《霜叶红似二月花》

《子夜》　《创造》　《春蚕》

记忆参考：

茅盾在子夜里锻炼的时候，看到此时的霜叶红似二月花，于是创造了一条春蚕，它的名称为虹，吐出的丝能腐蚀各种东西。

我们用放电影的方式来回忆一遍：

茅盾在_____里_____的时候，看到此时的_____，于是_____了一条_____，它的名称为_____，吐出的丝能_____各种东西。

通过上面的两个训练，相信大家对于电影串联法有了更深刻的认识。下面我们进入记忆健身房，锻炼下自己的大脑吧！

记忆健身房

训练一（一般★★）：用电影串联法记住以下词语。

刷子	乌龟	海岸	装满	团体	碰撞	知识	母羊
回忆	制度	心情	蘑菇	诗人	烤箱	秘密	释放
反胃	正规	兰花	航行	火箭	木偶	标枪	法则

记忆健身房

训练二（简单★）：用F·O复习法复习圆周率小数点后40位，让它们成为长时记忆。

14159265358979323846264338327950288841971

训练三（简单★）：用电影串联法进行以下文学常识记忆的训练。

陶渊明的作品

《归去来兮辞》　　《移居》　　《桃花源记》

《读山海经》　　　《饮酒》　　《归园田居》

老舍的作品

《茶馆》　　《龙须沟》　　《骆驼祥子》　　《四世同堂》

鲁迅的作品

《呐喊》　　　《狂人日记》　　《社戏》　　　《故乡》

《阿Q正传》　　《祝福》　　　《孔乙己》　　《药》

训练四（简单★）：电影串联法的哪几个技巧可以增加记忆的清晰度？

_____

_____

第3节 >>> 文字资料综合训练

我曾遇到过一位对国学了解非常深厚的小伙子，他的话令我印象深刻："从初中起，我就很喜欢学习历史，对古代中国的文化和历史事件挺感兴趣的。起初选择国学这门课，也是基于此。最初的想法就是这应当也和历史差不多。抱着了解历史的心态选择了这门课，然而真正地接触了这门课之后，才发现了国学的魅力。它不仅是学习历史和历史人物，它的魅力在于，它能让我们变得更有底蕴、更有修养。老师第一堂课的一句话让我印象很深刻，他说国学能让我们变得更厚，能修身养性，让我们变得更有内涵。经过了七周的国学课的学习，我深刻地体会到了国学的魅力。作为一个中国人，我们有必要学习国学，了解中国的传统文化和学术思想。"是的，对国家文化的传承非常重要，因此在中小学学生学习的过程中也有很多国家相关内容，古诗词、古文都包含在内。

中小学学生学习的过程中，离不开古诗词的背诵。大多数家长为了"不让孩子输在起跑线上"，就让孩子从小背诵古诗词。很多孩子只会死记硬背，遇到艰涩的内容，往往背了又忘。其实，如果用前文讲述的记忆方式来记忆古文、古诗词，就会容易很多了。

运用电影串联法对文章进行记忆，会更加场景化，图像也会更清晰，更容易记得住文章的内容。接下来通过几个实例来学习对文章的记忆。

少年中国说（节选）

梁启超

红日初升，其道大光；河出伏流，一泻汪洋；潜龙腾渊，鳞爪飞扬；乳虎啸谷，百兽震惶；鹰隼试翼，风尘翕张；奇花初胎，矞矞皇皇；干将发硎，有作其芒；天戴其苍，地履其黄；纵有千古，横有八荒；前途似海，来日方长。

记忆参考：

梁启超和一位少年站在中国东边的大陆上说：一轮红日刚刚（初）升起来，奇（其）特的道路上面闪着大光；一条河流里出现千伏电流，一螃蟹（泻）逃进汪洋大海；一条潜伏着的龙腾云驾雾从深渊飞出，身上的鳞片和爪子在空中飞扬；还在吃乳的虎仔，发出啸叫回荡在山谷里，百兽被震得惊惶；鹰隼（凶猛的老鹰）试着拍打羽翼，风尘被吸（禽）起，到处飞，很脏（张）；奇怪的花出（初）现后，胎盘里娃娃似乎拿着两个黄黄的橘橘（裔裔皇皇）；干将发现了一个大坑（砌），又做（有作）了奇（其）怪的芒果；天自带（戴）强大气场（其苍），地里（地履）站着七皇（其黄）叔；一个大粽（纵）子里有千只鼓（古），前面横着的有八块荒地；前途像海（似海）一样宽广，来年的日子一定很长（来日方长）。

我们在使用电影串联法记忆文章的时候，要注意在一句话当中选好关键字词，有时还需要转化成图像，然后进行连接。同样是拍电影，这里有时候需要让大脑转个弯。文章记忆整体完成后，一定要记得多回顾一下，一次记住的可能性比较小，有些细节需要回忆清楚，也需要核对，所以根据自己的线索，回忆核对。

下面通过古诗词的记忆练习，进一步地掌握和理解这一方法。

卷 耳

采采卷耳，不盈顷筐。嗟我怀人，寘彼周行。

陟彼崔嵬，我马虺隤。我姑酌彼金罍，维以不永怀。

陟彼高冈，我马玄黄。我姑酌彼兕觥，维以不永伤。

陟彼砠矣，我马瘏矣，我仆痡矣，云何吁矣。

提示：记忆的时候，提取关键字词，部分转化，串联成电影。

这首诗中有很多生僻字，我们通过通读，加点注释，提取关键字词，进行串联记忆。注释能帮助我们理解这首诗的意境。根据线索，串联成电影。

【注释】

卷耳：蔓生植物，嫩苗可食。今名苍耳。

顷筐：斜口浅筐，前低后高。

周行：大道。

陟：登高。

崔嵬（cuī wéi）：山高不平。

虺（huī）：疲极而病。

罍（léi）：一种酒器。

玄黄：指马的毛色因疲病而焦黄。

兕觥（sì gōng）：犀牛角制的酒器。

永伤：长久思念。

瘏（tú）：因疲劳生病。

记忆参考：

一女子采卷耳，不满筐，太累去接（嗟）杯水喝，看到我怀中的娃娃（人），给了他支笔（置彼），教他一周画一个人行道。我们看到远处，陡壁（彼）吹出蚊（崔嵬）子。我的马回馈（虺愤）给我。于是，我姑就灼笔（酌彼）铸成金雷（罍）杯，为一步（维以不，一步当成人名）永久怀念。陡壁（彼）上有高缸（岗）似乎要掉下砸马，我马旋（玄）转飞起黄沙。我姑就灼笔（酌彼）铸成石宫（兕觥），为一步永久负伤。

陡壁（彼）巨蚊（砠矣），我马上就涂蚊（瘏矣），我扑（仆）通（痛）扑向蚊（矣），出现了云和玉蚊（云何吁矣）。

在这一段记忆中，进行了很多的谐音转换。有些人可能认为，这样曲解了文章本来的意思。我想告诉你的是，并不会。我们谐音是为了记住文章的内容，当你可以轻松背出来的时候，内容就变成了我们大脑的知识，而我们通过学习、理解，就会越来越懂得作者的意境，所以两者并不冲突。还有一点，大脑对于记忆的内容有非常强大的处理分辨能力，你要相信它。如果刚开始有一部分转化很难回到文章本身，那我们可以试着换一种联想的方式，逐渐改变记忆方式去和大脑进行配合，相信我们能更快地让大脑变得更加高效。

接下来，我们来看看文言文应该如何去记。

青衣赋（节选）

蔡 邕

金生沙砾，珠出蚌泥。叹兹窈窕，产于卑微。盼倩淑丽，皓齿蛾眉。玄发光润，领如蟜蛴。纵横接发，叶如低葵。修长冉冉，硕人其颀。绮绣丹裳，蹑蹈丝扉。盘跚蹴蹀，坐起昂低。和畅善笑，动扬朱唇。都冶武媚，卓砾多姿。精慧小心，趋事若飞。中馈裁割，莫能双追。

提示：文言文的记忆，也是先通读一遍，简单理解，但是并不是每个人的理解能力以及对古文的解析能力都那么好，如果首要目的是记的话，就可以适当谐音，甚至将大部分内容转化为谐音来记忆，会更快一些。当然对于古文理解能力强的人，可以在理解的基础上再加方法。前提是，先要会读文章中的每个字的读音。

记忆步骤：读音—提取关键字—谐音转化—串联成电影—还原回来。

沙砾（shā lì）　　蚌（bàng）泥　　蟜蛴（cáo qí）

颀（qí）　　　　蹴蹀（cù dié）　　都冶（yě）

记忆参考：

我拿起一块黄金，里面生出很多沙粒（砂砾）。有颗沙粒很大，原来是珍珠，擦了擦，出了很多蚌泥。女探子（叹兹）很窈窕，出生于贫苦家庭，很卑微。盼望有钱（倩），然后让自己更加淑女美丽，有好（皓）的牙齿，蛾状的眉毛。旋（玄）转发出光的润滑棒子，猎人传奇（领如蟜蛴）。

纵横交错的关系就像结（接）发夫妻般亲密，也（叶）如同低低重下的向日葵般靠得紧密。修长的冉冉美女，硕士人气齐（其颀）聚一起。一起（绮）绣牡丹形状的衣裳，蹑手蹑脚地跳舞蹈，丝巾飞（扉）起。盘山（跚）形状醋碟（蹴蹀），坐着的起来，昂首后低头，合唱（和畅）发出善良的笑声，开始动羊（扬）和猪（朱）唇。

　　都喜欢打野的武媚娘，卓越站立婀娜多姿，精气神好聪慧又小心，遇到趣（趋）事就会弱（若）起飞的样子。钟馗（中馈）想踩（裁）住割掉衣角，不能冷漠（莫），能行就成双成对地追。

　　这样是不是就记住了呢？当一段古文比较长的时候，可以分为几段去记忆。

　　如何提取关键词？我们一般是以句子作为单位，然后每句话提取一个关键词。那如何选择关键词呢？首先，要尽量选用名词；其次，就是选用有画面感的词；最后，用你觉得容易前后好关联的词语。总的来说，就是对你个人，能够使你好联想，同时又能提示你回忆文中其他内容的那个词。

　　用关键词法记忆的时候，一定是按关键词的层次结构分开来记的。首先，记住那个最核心的关键词，当你看到这个关键词，你就能基本知道这段话的大体意思；其次，去记住与这个关键词同个层级的内容，这就是电影串联的部分；最后，去充实每句关键词的内容，以便辅助记住整句话。

　　当然，对于关键词的提取较难把握，需要进行不断的练习，重复再重复，在实践中融会贯通，慢慢地就会让你记忆的图像更顺畅一些。

　　下面我们进入记忆健身房，锻炼下自己的大脑吧！

记忆健身房

训练一（简单★）：再次复习圆周率小数点后40前位。

3.1415926535897932384626433832795028841971

训练二（难★★★）：用电影串联法记忆以下词汇。

| 通知 | 设置 | 好的 | 暑假 | 女模 | 电网 | 活动 | 表示 | 月儿 |
| 军人 | 僧众 | 洒水 | 色环 | 洋葱 | 婴儿 | 废话 | 绿色 | 内衣 |

记忆健身房

训练三（难★★★）：用电影串联法记忆下面这首古诗。

草 虫

喓喓草虫，趯趯阜螽。未见君子，忧心忡忡。

亦既见止，亦既觏止，我心则降。

陟彼南山，言采其蕨。未见君子，忧心惙惙。

亦既见止，亦既觏止，我心则说。

陟彼南山，言采其薇。未见君子，我心伤悲。

亦既见止，亦既觏止，我心则夷。

训练四（非常难★★★★）：用电影串联法记忆文言文。

文木赋（节选）

刘胜

丽木离披，生彼高崖。拂天河而布叶，横日路而擢枝。幼雏赢鷇，单雄寡雌。纷纭翔集，嘈嗷鸣啼。载重雪而捎劲风，将等岁于二仪。巧匠不识，王子见知。乃命班尔，载斧伐斯。隐若天崩，豁如地裂。花叶分披，条枝摧折。既剥既刊，见其文章。

记忆步骤提示：通读—提取关键字—转化—连接—串联成电影—还原文章。

本章总结

一、锁链记忆法

一环扣一环，注意点是，前面的词汇作用后面的词汇，避免后面的作用前面的。内容太多可以分段用锁链法记忆。

二、电影串联法

提取关键字词，转化成图像，串联成电影，还原出来。

三、文字资料综合训练

综合训练里，内容会偏难，不同的记忆素材内容，要根据不同的情况综合去运用方法。大部分可以用电影串联法进行记忆，关键看自己提取关键字词的能力以及转化的能力，这需要多练习。

第五章

图像编码

第1节 >>> 数字图像编码

在生活和学习过程中，我们需要记忆很多的文字素材内容，当然还有很多的数字资料。数字资料广泛存在于各个领域，如银行、统计局、天文研究、数学、历史、经济等。可想而知，数据的记忆有多重要。

和文字资料的记忆相比较起来，数字资料的记忆要难得多，因为文字不仅可以理解，还有些相对应的图像，数字就显得十分枯燥无味了，没有明显的逻辑性和规律性，很难找到明显的联系和图像，而且数据重复率高，相似性太大，更让我们在记忆的时候产生混淆。

曾经有一位记忆老师的学员去应聘一家知名商场的营业部主管，人事总监给她出了一道难题——一星期之内把商场里面近2万种商品的价格标签全部记下来。如果记得下来，一星期之后就直接来上班，记不住，那就只有和这个工作说再见了。她非常喜欢这份工作，于是就开始了自己的记忆之路。第一天，她兴致勃勃地背了一千多条，可第二天早上起来一复习，忘记了一大半，有些还模糊不清。如果这样下去，一星期肯定记不住2万条，商场肯定不会录取她。后来她通过记忆老师的协助，轻松地记住了这些内容，把这2万种商品价格标签完整地记忆了下来。后来在工作的过程中，这种高效记忆能力也起了很大的作用，她可以轻松找到商品存放的位置，连商品的条码都能轻松回忆起来，大大提高了工作效率。

如何才能和她一样，记住那么多的数字资料呢？其实我们可以使用图像的能力，也就是把数字转化成平时常见的，或者自己熟悉的图像，比如，把数字转化成"钥匙""鹦鹉"等。这就叫作数字编码记忆。运用这种数字编码的记忆方式，我们就可以记忆更多的数据资料内容了。

110数字编码

人类通过语言进行交流，而程序员通过编程和计算机进行对话，好让计算机根据人们给的指令进行工作。不同的程序语言就是计算机能够识别的语言。而我们想要记住更多的数字，也需要用大脑熟悉的语言来顺畅地和大脑进行沟通。要做到这一点，我们先要将数字按照一定的逻辑、形似、谐音进行完整的编码。

现在我们就开始根据不同的规律，设定0～99以及00～09这110个数字的编码吧！（表5-1，完整的数字编码表见附录）

表5-1　数字编码

数字	编码	依据	数字	编码	依据
0	鸡蛋	形似	5	钩子	形似
1	蜡烛	形似	6	勺子	形似
2	鹅	形似、谐音	7	拐杖	形似
3	耳朵	形似	8	葫芦	形似
4	帆船	形似	9	酒	谐音

……

余下详见附录。

掌握110个数字编码对于我们记忆力的提高以及数字记忆的训练来说非常重要。请各位读者自己对应这些文字，脑子产生图像或者寻找固定的图像。

要做到看到数字就能在3秒钟内反应出所对应的图像。记住这些图，不光可以提升我们记忆数字内容的速度，还可以增强我们处理各种复杂信息的能力。记忆速度和图像转换能力会随着数字记忆的训练而提高。你可能觉得某些编码用起来不顺手，希望换掉这些编码，这是可以的，但是要在你熟练掌握以上编码的前提下进行，在练习过程中，逐个去修改。

下面我们进入记忆健身房，锻炼下自己的大脑吧！

记忆健身房

训练一（简单★）：将下列数字对应的图像名称写出来。

02	11	21	18	32	33	52	63
67	72	86	96	05	03	08	59
94	84	76	77	69	39	29	50

训练二（难★★★）：快速反应出数字图像。

第一次8秒，第二次5秒，第三次3秒，这一张可以反复训练。

28	38	12	32	13	35	78	34
56	89	36	90	00	87	92	52
41	85	83	19	20	51	57	55
23	25	31	22	71	73	60	64

第2节 >>> 数字定桩法

经过前面的练习，我相信你已经熟练掌握了这110数字编码。要想使用数字编码记忆一些内容，先要学会它的规则。

一、数字使用规则和好处

同样的数字一天内不能记忆同类型的内容，否则容易混淆

假如我用数字编码1～10记忆了10个词语，那么在记另一组10个词语时就不能再用1~10的数字编码了，否则我们非常有可能在回忆的时候出现混淆，也就是你会记错。如果我们是记同样的素材，而且还是想使用数字桩的话，我们可以换一组数字桩，如使用11~20的数字编码。这样就不会出现混淆了。

当然，记忆不同类型的素材时，一天内可以使用同样的数字桩。比如，我用1～10的数字编码记住了10个中文词语，再用1～10的数字编码去记忆10个英文单词，这完全没有问题，因为它们类型不一样。

数字一般用在有顺序的记忆素材上

有顺序的记忆材料特别适合用数字来记忆，如法律条文、历史朝代等。

用数字定桩法回忆提取单个内容的速度快

当我们用数字定桩法记忆了100个内容后，假如我们要提取第50个内容，就可以直接根据50对应的数字编码武林盟主来想起连接的记忆内容，非常快速。而在死记硬背的情况下，我们往往要从头往下背到第50个才能找到答案。

二、数字定桩法如何使用

数字定桩法就是使用数字作为线索来记忆。首先我们记忆一组有顺序的词语内容，要求顺序都得记住，不管是中间的第几个抽查都能回忆出来。

1. 电梯	2. 广告	3. 电话	4. 长袍	5. 火柴
6. 短笛	7. 板栗	8. 黑熊	9. 蜂巢	10. 镜子
11. 灯笼	12. 挖掘	13. 指南	14. 家禽	15. 宝石

16. 钢琴　　17. 剪刀　　18. 花盆　　19. 肥皂　　20. 树叶

记忆步骤：

用数字记忆有顺序的材料前需要先回忆一下数字编码，如果你已经很熟悉数字编码了，就可以直接记忆。先带大家回忆一下前20个数字编码。

1——蜡烛　　2——鹅　　3——耳朵　　4——帆船　　5——钩子

6——勺子　　7——拐杖　8——葫芦　　9——酒　　10——棒球

11——梯子　　12——椅儿　13——医生　14——钥匙　15——鹦鹉

16——窑炉　　17——仪器　18——腰包　19——衣钩　20——恶灵

接着我们使用数字编码来进行记忆。

记忆参考：

1. 蜡烛烧到了电梯，电梯里燃起熊熊大火。

2. 鹅摇摇摆摆地在墙上贴了很多广告。

3. 一只大耳朵在打电话。

4. 帆船里有一件很漂亮的长袍。

5. 钩子钩住了一盒火柴。

6. 用勺子从锅里捞出了一支短笛。

7. 拐杖戳碎了板栗。

8. 一个大葫芦裂开，从里面蹦出一只黑熊。

9. 酒沿着蜂巢一直流下来，闻到了酒和蜂蜜的味道。

10. 用棒球棒打碎了镜子。

11. 爬上梯子去挂灯笼。

12. 椅儿上有一个挖掘机，正在大力挖掘泥土呢！

13. 医生在森林里迷路了，拿出了自己的指南针。

14. 一只金钥匙挂到了自家的小鸡（家禽）身上。

15. 鹦鹉嘴里叼着一颗漂亮的宝石。

16. 这座窑炉里有一台非常奇特的钢琴。

17. 我们使用仪器制作了一把锋利无比的剪刀。

18. 从腰包里掏出了一个小花盆。

19. 橱柜里的衣钩上挂着一个肥皂。

20. 恶灵用一片树叶挡住了嘴巴。

这样是不是就记住了呢？记完，先按1~20的顺序回忆一遍，对记不住的内容，再联想一下。接下来按着我的问题来回忆一下。

1. 倒背一遍。

2. 请问第5个和第7个词语分别是什么？

3. 请问第9个和第14个词语分别是什么？

是不是很轻松都回忆起来了呢？提取回忆的速度有没有很快呢？这就是数字定桩法的魅力，但是前提是你一定要掌握数字编码。有些人记不住不是因为词语难记，而是没掌握好数字编码。记住数字编码是基础，要打好这个基础，后面才会事半功倍。

我们来进行一下难度升级，用数字桩来记忆四字词语。

1. 热火朝天　2. 十字路口　3. 五花八门　4. 火烧眉头　5. 红男绿女

6. 十指连心　7. 白日做梦　8. 马到成功　9. 满面春风　10. 千军万马

记忆步骤：

同样，先回忆一下数字编码，除非你已经很熟悉数字编码了，就可以直接记忆。这次我们用21~30的数字编码，因为上面我们已经用了1~20了。

21. 鳄鱼　22. 螃蟹　23. 和尚　24. 鹅卵石　25. 二胡

26. 水流　27. 耳机　28. 恶霸　29. 恶狗　　30. 三轮

接着我们使用数字编码来进行记忆。

记忆参考：

1. 鳄鱼躺在热火里，肚子朝天，似乎一点不怕火。

2. 螃蟹在十字路口问交警怎么去城里。

3. 和尚把五花肉绑在腰间，冲向写着"八"字的大门。

4. 用鹅卵石击打叫醒一位睡着的被火烧眉头的人。

5. 一位红衣男和一位绿衣女拿着二胡演奏。

6. 冬天用水流冲十指，连心都感觉寒冷，十指连心啊！

7. 一个人戴着耳机，白日做梦，梦见自己成了富翁。

8. 恶霸这次改邪归正，杀敌无数，骑马归来就成功了，马到成功！

9. 一个无赖干了坏事，满面春风向前走，恶狗直接扑过去咬住了他。

10. 千军万马搭乘三轮，勇往直前。

然后我们通过数字编码21～30回忆一下这些词语。是不是都能轻松回忆起来？如果你的回答是肯定的，那么说明你在这个过程中加入的联想感觉非常不错，继续加油！

下面我们进入记忆健身房，锻炼下自己的大脑吧！

🧠 记忆健身房

训练一（简单★）：请使用数字定桩法来记忆以下词语，记忆之前回忆一下数字的使用规则。

    1. 狐狸   2. 收听者   3. 画眉   4. 司令   5. 方法

    6. 鸡肉   7. 香蕉   8. 麻雀   9. 漫画   10. 七龙珠

训练二（难★★★）：请使用数字定桩法来记忆以下成语，记忆之前回忆一下数字的使用规则。

1. 长年累月 2. 一事无成 3. 头头是道 4. 安身立命 5. 再三再四

6. 张灯结彩 7. 一五一十 8. 百花齐放 9. 莺歌燕舞 10. 青山绿水

11. 旁若无人 12. 落地生根 13. 念念不忘 14. 助人为乐 15. 走马观花

第3节 >>> 玩转数字之三十六计

当我们熟悉了数字编码后，就会发现除了可以训练基础记忆力和心象能力之外，它还能够帮助我们快速精确地记忆有顺序的内容。我们通过实际案例来学习一下如何用数字编码记忆三十六计。三十六计或称三十六策，是指中国古代三十六个兵法策略，源于南北朝，成书于明清。它是根据中国古代军事思想和丰富的斗争经验总结而成的兵书，是中华民族的文化遗产之一。我们先来看一下三十六计的具体内容。

1. 瞒天过海	2. 围魏救赵	3. 借刀杀人	4. 以逸待劳
5. 趁火打劫	6. 声东击西	7. 无中生有	8. 暗度陈仓
9. 隔岸观火	10. 笑里藏刀	11. 李代桃僵	12. 顺手牵羊
13. 打草惊蛇	14. 借尸还魂	15. 调虎离山	16. 欲擒故纵
17. 抛砖引玉	18. 擒贼擒王	19. 釜底抽薪	20. 浑水摸鱼
21. 金蝉脱壳	22. 关门捉贼	23. 远交近攻	24. 假道伐虢
25. 偷梁换柱	26. 指桑骂槐	27. 假痴不癫	28. 上屋抽梯
29. 树上开花	30. 反客为主	31. 美人计	32. 空城计
33. 反间计	34. 苦肉计	35. 连环计	36. 走为上

在开始记忆之前，大家可以稍微看下每一计策的解释，理解意义也会辅助我们对计策的记忆。我们只需要将数字编码和对应计策的关键内容联系在一起便可以完成记忆。首先同样需要回忆一下1～36的数字编码。

1. 蜡烛	2. 鹅	3. 耳朵	4. 帆船	5. 钩子
6. 勺子	7. 拐杖	8. 葫芦	9. 酒	10. 棒球
11. 梯子	12. 椅儿	13. 医生	14. 钥匙	15. 鹦鹉
16. 窑炉	17. 仪器	18. 腰包	19. 衣钩	20. 恶灵
21. 鳄鱼	22. 螃蟹	23. 和尚	24. 鹅卵石	25. 二胡

26. 水流　　27. 耳机　　28. 恶霸　　29. 恶狗　　30. 三轮

31. 鲨鱼　　32. 扇儿　　33. 闪闪　　34. 绅士帽　　35. 珊瑚

36. 山鹿

记忆参考：

1. 蜡烛点燃冒烟遮住了天空，八仙乘此机会，过了海——瞒天过海。

2. 一群鹅围住了魏国，救了远处的赵国（如果不熟悉这里的魏国，可以用胃代替，赵可以用枣代替）。

3. 一个大耳朵上有很多刀，有一个盗贼想借刀杀人。

4. 帆船上有一只蚂蚁（以逸）代替劳工进行捕鱼。

5. 一个强盗趁火用钩子打劫。

6. 每次太阳发出声音从东边升起，勺子就开始击打西边的大碗。

7. 悟空表演无中生有，把拐杖往地上一扔，土地公就出现了。

8. 躲在葫芦里暗度陈仓（装满橙子的仓库）这个地方。

9. 喝着酒，隔着岸观看着对岸的火花。

10. 笑里藏刀的人遇见了一个拿着棒球棒的土匪，火拼起来了。

11. 小李子装了一袋桃子，爬到梯子上，逃避追来的僵尸。

12. 一个小偷顺手牵走了绑在椅儿上的羊。

13. 医生打草惊动了蛇。

14. 一个坏人死后想借尸还魂，用钥匙打开了棺材，然后就还魂了。

15. 鹦鹉在空中调动老虎离开山区。

16. 玉琴谷中（欲擒故纵），从窑炉里做出了一把玉琴藏在了稻谷中。

17. 往仪器里抛进去一块砖头，就可以引出一块玉石来。

18. 我们要抓住那个带着腰包的贼王，擒贼先擒王。

19. 有人把薪水藏在釜底，用衣钩从釜底抽薪水。

20. 恶灵肚子饿了，在浑水里摸鱼吃。

21. 鳄鱼身上有一只金蝉，脱壳而出。

22. 螃蟹关门，用钳子捉贼。

23. 和尚带着珠宝去远处结交国家，攻击临近的国家。

24. 一个姑娘带着鹅卵石大的珠宝嫁到法国（假道伐虢）。

25. 拿着二胡锯子偷了梁去换了一个铁柱。

26. 一个近视没戴眼镜的人用水流泼向桑树，指着桑树骂槐树，应该是看错了。

27. 一个落难的人戴着耳机假装痴呆，并穿上了补丁（不癫）的衣服。

28. 恶霸看见一个壮士上屋修屋顶，就抽掉了梯子不让他下来。

29. 恶狗跳到树上，咬住了那一朵刚开的花。

30. 三轮车夫身为吃饭客（吃饭的客人，反客），要喂主（为主）人吃饭。

31. 鲨鱼变身美人鱼，准备去诱惑人。

32. 诸葛亮坐在空城上，拿着扇儿，似乎城中有千军万马。

33. 房间（反间）里闪闪发光的钻石成了一道风景线。

34. 戴着绅士帽的绅士割伤了自己，使出了一招苦肉计。

35. 五个珊瑚用环连在了一起——五连环。

36. 山鹿走位（走为）很独特，上了公路。这一计策也可以直接记，一般人比较熟悉。

至此，三十六计已经全部记忆完成了。请你闭上双眼，从第一计策开始回忆，一直回忆到第三十六计策结束。你是不是很轻松就记下了这三十六计的顺序了呢？你还可以接受任意点背、抽背的考验，只要报出序号，你就能轻易地答出对应的计策。这是不是很酷炫呢？

下面根据问题来正背、倒背三十六计。一个一分，看看自己能得几分。

正背：_____分

倒背：_____分

相信经过这样背诵后，你应该完全掌握了三十六计。

下面我们进入记忆健身房，锻炼下自己的大脑吧！

记忆健身房

训练一（简单★）：请你分别写出三十六计中第3、第7、第9、第12、第15、第18、第26、第30个计策。

_____

训练二（简单★）：回忆下复习方法当中的F·O复习法，利用它的规则复习三十六计，把三十六计变成长时记忆，回忆好后在表格相应位置打√。

三十六计回忆录	
1小时后	
1天后	
1周后	
1个月后	
1个季度后	

第4节 >>> 数字和文字综合记忆运用

我们在对数字资料进行综合记忆的时候，难免会遇到一些无从下手的资料，这里就拿出一些相对常见的例子，带大家熟悉、练习。

一、历史数据类

历史信息中常有年份、数据，其中，数字可以谐音，也可以用我们固定的数字编码。

公元前221年 秦始皇统一六国

记忆参考：

在公园前，2个大门口趴着一条鳄鱼（21），秦始皇从其中一个大门口走出来，君临天下！

公元前202年 西汉建立

记忆参考：

公园前开过一辆202巴士车，车上有一个西瓜头汉子，站立在中间。

提示：记忆内容有相似点的时候，需要加入一些区别，比如，上述两个事件都发生在公元前，那么就让一个故事发生在公园前，另一个故事发生在巴士上。在回忆时，要对应一下原本的事件，能正确还原才算是完整的记忆过程。

接下来，大家自己来尝试记忆。

200年 官渡之战

你的记忆：_____

208年 赤壁之战

你的记忆：_____

1271年 元朝建立

你的记忆：_____

1787年 美国确立联邦制

你的记忆：_____

1794年 热月政变

你的记忆：_____

1842年　中英《南京条约》签订

你的记忆：＿＿＿＿＿＿＿＿＿＿＿＿＿＿＿＿＿＿＿＿＿＿＿

1894年　中日甲午战争爆发

你的记忆：＿＿＿＿＿＿＿＿＿＿＿＿＿＿＿＿＿＿＿＿＿＿＿

1900年　八国联军侵华战争爆发

你的记忆：＿＿＿＿＿＿＿＿＿＿＿＿＿＿＿＿＿＿＿＿＿＿＿

1901年　《辛丑条约》签订

你的记忆：＿＿＿＿＿＿＿＿＿＿＿＿＿＿＿＿＿＿＿＿＿＿＿

1903年　莱特兄弟发明飞机

你的记忆：＿＿＿＿＿＿＿＿＿＿＿＿＿＿＿＿＿＿＿＿＿＿＿

1904年　英法同盟建立

你的记忆：＿＿＿＿＿＿＿＿＿＿＿＿＿＿＿＿＿＿＿＿＿＿＿

1911年　辛亥革命爆发

你的记忆：＿＿＿＿＿＿＿＿＿＿＿＿＿＿＿＿＿＿＿＿＿＿＿

1914年　第一次世界大战爆发

你的记忆：＿＿＿＿＿＿＿＿＿＿＿＿＿＿＿＿＿＿＿＿＿＿＿

1915年　《青年杂志》创刊

你的记忆：＿＿＿＿＿＿＿＿＿＿＿＿＿＿＿＿＿＿＿＿＿＿＿

1916年　凡尔登战役打响

你的记忆：＿＿＿＿＿＿＿＿＿＿＿＿＿＿＿＿＿＿＿＿＿＿＿

记忆参考：

1. 鹅（2）生了两个蛋（00），有人来抢，关（官）闭大门，堵（渡）住出口，准备迎战。

2. 恶灵（20）拿出葫芦（8）喷火燃烧赤色的墙壁。

3. 椅儿（12）上有一只鸡翼（71），旁边标价"售价一元"（元朝）。

4. 美国大兵在仪器（17）里拿出白旗（87）插在不同的地方连接帮（联邦）派！

5. 月亮一生气就变成热月，一气就是（1794）热月。

6. 中营（中英）里，一个人从腰包（18）里掏出一个柿儿（42）放在南京桌上，这就是条约的代价。

7. 中国战士在甲板上一把揪死（1894）了日本战士。

8. 八国联军拿着衣钩（19），用望远镜（00）看向大陆，准备侵华。

9. 一件新（辛）衣服非常丑，条约写在上面，用衣钩（19）在里面钩出了灵药（01）！

10. 身上画着蓝天（莱特）的兄弟，拿着衣钩（19）站在三角凳（03）上敲击一堆烂铁，发明了飞机。

11. 英法同盟的时候，依旧（19）是吃零食（04）庆祝。

12. 新（辛）的孩（亥）子出生的时候，隔壁拿着衣钩（19）爬上了楼梯（11）进来探望。

13. 第一次世界大战爆发时，很混乱，有些人拿衣钩（19），有些人拿钥匙（14）。

14. 那一年，青年依旧拿着衣钩（19）钩住杂志上的鹦鹉（15）。

15. 爸爸特别烦儿子在灯（凡尔登）光下，拿着衣钩（19）在窑炉（16）里勾来勾去。

我们在记忆历史事件的过程中，如果是成堆记的话，有些重复的部分可以省略，比如，1900年后发生的事，大概知道一些，19就可以不用记，做一些简略的转化。有些数字可以用谐音来记，这一技巧需要平时的积累。

二、常识类数据记忆

在日常生活中，我们遇到的电话号码、生日、公式、数据等，都属于常识数据。我们如何更好地记住它们呢？可以借助数字谐音以及数字锁链法。

通过之前的练习，相信大家对数字记忆已经有了一定的认识，我们来尝试以下的常识记忆：

拿破仑的生日：1769年8月15日

你的记忆：_____

黄山第一高峰——莲花峰，海拔1864米

你的记忆：_____

光速≈299793千米/秒

你的记忆：_____

鸵鸟奔跑的最高速度是72千米/小时

你的记忆：_____

乌龟的冬眠时间一般是3~4个月

你的记忆：_____

记忆参考：

1. 拿破仑生日的时候，刚好是中国的中秋节（8月15日），他拿着仪器（17）制造了漏斗（69）。

2. 一个人到了黄山第一高峰，上面长满了莲花，他就拿着腰包（18）装满放到流石（64）上滚下去。

3. 一只恶狗（29）咬着酒杯（97）以光速朝救生圈（93）游去。

4. 鸵鸟奔跑最快的时候，企鹅（72）就会给它颁发奖牌！

5. 乌龟冬眠的时候戴着绅士帽（34）。

相信通过上面的练习，大家已经初步掌握了常识类数据记忆的用法。

下面我们进入记忆健身房，锻炼下自己的大脑吧！

🧠 记忆健身房

训练一（一般★★）：尝试记忆以下的历史事件。

公元前475年　　　战国开始

你的记忆：＿＿＿＿＿＿＿＿＿＿＿＿＿＿＿＿＿＿＿＿＿＿

公元前8世纪　　　斯巴达和雅典城邦建立

你的记忆：＿＿＿＿＿＿＿＿＿＿＿＿＿＿＿＿＿＿＿＿＿＿

220～280年　　　三国鼎立

你的记忆：＿＿＿＿＿＿＿＿＿＿＿＿＿＿＿＿＿＿＿＿＿＿

395年　　　罗马帝国分裂

你的记忆：＿＿＿＿＿＿＿＿＿＿＿＿＿＿＿＿＿＿＿＿＿＿

618年　　　唐朝建立

你的记忆：＿＿＿＿＿＿＿＿＿＿＿＿＿＿＿＿＿＿＿＿＿＿

960年　　　北宋建立

你的记忆：＿＿＿＿＿＿＿＿＿＿＿＿＿＿＿＿＿＿＿＿＿＿

公元前60年　　　西汉设置西域都护府

你的记忆：＿＿＿＿＿＿＿＿＿＿＿＿＿＿＿＿＿＿＿＿＿＿

581年　　　杨坚建立隋朝

你的记忆：＿＿＿＿＿＿＿＿＿＿＿＿＿＿＿＿＿＿＿＿＿＿

618年　　　李渊称帝，建立唐朝

你的记忆：＿＿＿＿＿＿＿＿＿＿＿＿＿＿＿＿＿＿＿＿＿＿

10.754年　　　鉴真和尚到达日本

你的记忆：＿＿＿＿＿＿＿＿＿＿＿＿＿＿＿＿＿＿＿＿＿＿

1405年　　　　郑和第一次出使西洋

你的记忆：＿＿＿＿＿＿＿＿＿＿＿＿＿＿＿＿＿＿＿＿＿＿

1405～1433年　　　　郑和七下西洋

你的记忆：＿＿＿＿＿＿＿＿＿＿＿＿＿＿＿＿＿＿＿＿＿＿

1689年　　　　中俄签订《尼布楚条约》

你的记忆：＿＿＿＿＿＿＿＿＿＿＿＿＿＿＿＿＿＿＿＿＿＿

1644年　　　　清军入关

你的记忆：＿＿＿＿＿＿＿＿＿＿＿＿＿＿＿＿＿＿＿＿＿＿

11774年　　　　第一届大陆会议

你的记忆：＿＿＿＿＿＿＿＿＿＿＿＿＿＿＿＿＿＿＿＿＿＿

1776年　　　　美国《独立宣言》发表

你的记忆：＿＿＿＿＿＿＿＿＿＿＿＿＿＿＿＿＿＿＿＿＿＿

1789年　　　　《人权宣言》颁布

你的记忆：＿＿＿＿＿＿＿＿＿＿＿＿＿＿＿＿＿＿＿＿＿＿

1839年　　　　林则徐虎门销烟

你的记忆：＿＿＿＿＿＿＿＿＿＿＿＿＿＿＿＿＿＿＿＿＿＿

1860年　　　　《北京条约》签订

你的记忆：＿＿＿＿＿＿＿＿＿＿＿＿＿＿＿＿＿＿＿＿＿＿

训练二（一般★★）：用数字方式记忆以下的材料。

1. 青藏高原东西长约2800千米

2. "世界环境日"是每年的6月5日

3. 臭氧层离地面有20～50千米

4. 国际臭氧层保护日是每年的9月16日

5. 地球表面约71%被水覆盖

本章总结

一、数字图像编码

数字编码是记忆的基础，对记忆训练尤其重要，所以最好能在短时间内训练熟悉，图像出得越快，以后记忆的速度也会越快。

二、数字定桩法

数字定桩法的优势在于记忆有顺序的内容，提取速度快。注意：记忆同类型内容时，一天内不能用两次同样的数字。

三、玩转数字之三十六计

这一节主要用数字来记忆三十六计，同时检测同学们对于数字记忆的掌握情况。

四、数字和文字综合记忆运用

对于记忆综合数据和文字，做了一些例子的讲解和记忆练习。在这个过程中，养成数字记忆技巧的规律，找到自己记忆的节奏。

第六章

图像定桩记忆

第1节 >>> 图像的四种定桩方式

说到"定桩"，我们可能会想到盖房子时——将桩子定在泥土当中。这是建造房子的基础，目的是让高楼大厦更加稳固。我们进行记忆的时候，如果也多一道程序，按照顺序定桩，那么除了能帮助我们更好地记住想要记住的内容外，还能帮我们回忆顺序，直接提升了我们大脑的容量和记忆的持久度。

我们从前几章的学习中会发现，记忆会用到很多图像，需要对记忆的信息资料进行有效的转化，深度加工，输送到专门处理记忆的大脑区域，让它们关联起来。但是，我们复习的时候，会发现没有线索可以寻找到记住的内容，联结好的图像无迹可寻。为解决这个问题，我们可以将记忆内容存储到某个可以查找的位置，就像给它们贴上标签，分类存放，而存储到这个位置的过程就叫作定桩。

图像定桩的方式通常有四种，分别是身体桩、人物桩、数字桩、字词桩。

一、身体桩

身体桩，顾名思义是用身体作为桩子来帮助我们记忆。我们选择的第一个身体桩可以是自己，因为我们对它最熟悉。只有熟悉，大脑才能记得更清晰，反应也会更快。如果选择的身体桩是我们不熟悉的，大脑就无法呈现想要的结果，所记忆的资料也会有选择性地被忽略。我们需要按顺序在身体桩上找位置，用它们来记忆就有迹可循了。这里我先定义10个位置，当大家熟练掌握这种方法之后，可以定义20个位置甚至更多。

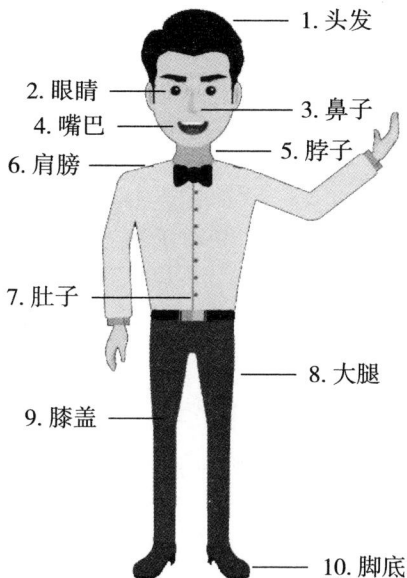

从上到下依次是：

1. 头发　2. 眼睛　3. 鼻子　4. 嘴巴　5. 脖子

6. 肩膀　7. 肚子　8. 大腿　9. 膝盖　10. 脚底

这10个位置非常容易记，我们可以指着位置从上到下念出来。闭上眼睛，在脑海中过一遍这个顺序。当我们牢牢记住之后，就可以利用它们记各种信息。接下来跟我来记简单的10个词语吧！

1. 蓝色颜料　2. 狗粮　3. 报纸　4. 手电筒　5. 手机

6. 鸡肉　　7. 牙膏　8. 香蕉　9. 洗发水　10. 闹钟

我们要将这10个词语分别"挂"到身体桩上，一一对应起来。

记忆参考：

1. 想象自己用蓝色的泥土把头发涂成了蓝色。

注：这里的泥土就是帮助大家区分这个颜料。

2. 想象自己的**眼睛**里出现了一根大骨头（大骨头用来代替狗粮）。

注：当然大家可以直接想象在眼睛中出现狗粮，只要这个狗粮很清晰，很容易记住即可。

3. 想象自己的**鼻子**上贴了一张报纸，随着呼吸飘荡。

注：报纸和纸的区别是，报纸上有很多字。我们可以想象这张报纸上印的是一个自己熟悉的特别的事件。

4. 想象**嘴巴**咬着一个手电筒，朝前面照着，很明亮（就像电影中的一些情节一样）。

5. 想象**脖子**上挂着一个手机，发出滴滴的微信信息提示音。

6. 想象**肩膀**上长出来一大块鸡肉。

7. 想象**肚子**上擦了牙膏，感受到一丝丝的清凉。

8. 想象**大腿**上绑上了一大串黄香蕉。

9. 想象**膝盖**上有一小撮头发，涂上洗发水，打出了很多泡泡。

10. 想象**脚底**踩破了一直在响铃的闹钟。

好了，现在你已经用自己的身体定桩记忆了这10个词语。请复习一遍，然后合上书，分别想一想10个身体位置对应的词语是什么。

请你独自完成以下的基础练习，写出你的记忆。

1. 头发　蓝色颜料

你的记忆：_____

2. 眼睛　狗粮

你的记忆：_____

3. 鼻子　报纸

你的记忆：_____

4. 嘴巴　手电筒

你的记忆：_____

5. 脖子　手机

你的记忆：_____

6. 肩膀　鸡肉

你的记忆：_____

7. 肚子　牙膏

你的记忆：_____

8. 大腿　香蕉

你的记忆：_____

9. 膝盖　洗发水

你的记忆：_____

10. 脚底　闹钟

你的记忆：_____

好，相信你现在已经非常准确地记住了所有内容，接下来，请将你记下的词语写在下面的横线上。

1._____　　2._____

3._____　　4._____

5._____　　6._____

7._____　　8._____

9._____　　10._____

恭喜你已经学会了基础的身体桩记忆！接下来，我们来聊聊，如何用身体桩来进行更多内容资料的记忆。我们刚刚只是记住了10个词语，假如我们要记忆20个、30个、40个、50个词语，应该怎么做呢？必须要有更多的桩子。所以我们要提前准备更多的桩子，并且为它们编排顺序。具体来说，我们可以增加在单个人身上找的桩子的数量，可以在不同的人身上找桩子，还可以选用其他类型的桩子，如人物桩、数字桩等。

来试试吧！请你按顺序在5个你熟悉的人的身上找桩子，如爸爸、妈妈、哥哥、姐姐、弟弟等。建立5个熟悉且重要的人物身体桩，每个身体上都会有10个位置，这样我们至少可以记忆50样的内容了。当然，我们可以在一个桩子上放2~3个内容，这可以大幅提升记忆容量。别担心，只要训练到位，一个桩子上多个内容也能记得很清楚。

二、人物桩

人物桩是指用一系列熟悉的人物作为桩子来定桩记忆的方法。比如，《西游记》这部小说里的唐僧、孙悟空、猪八戒、沙僧；《三国演义》里的刘备、曹操、孙权、吕布、关羽、赵云等，只要是我们熟悉的人物，都可以添加到我们的人物桩里来。但是，我们必须事先按照自己的顺序把他们排列起来。

下面就按照这个顺序来：唐僧、孙悟空、猪八戒、沙僧、刘备、曹操、孙权、吕布、关羽、赵云。我们就用这10个人物来记忆10个句子，来练习一下吧！

1. 我咳嗽了。

2. 小树慢慢长大。

3. 他把魔方还原了。

4. 恶霸打了好人。

5. 马上要回家里了。

6. 今天我好开心啊！

7. 外甥会说话了。

8. 老师今天结婚了。

9. 你洗手了吗？

10. 把桌上的文件夹拿过来，放到空盒子里。

记忆参考：

1. 唐僧最近得病了，说："我咳嗽了。"

2. 孙悟空变成了一棵小树，并且演示慢慢长大的过程。

3. 猪八戒他居然把魔方还原了，好聪明啊！

4. 沙僧看到了一个恶霸打了好人，赶紧跑上去阻止。

5. 大战结束，刘备休息片刻，马上要回家里去，看看自己的孩子。

6. 曹操在官渡之战中大获全胜，以少胜多，大笑："今天我好开心啊！"

7. 孙权看着自己的小外甥过来喊了声："舅舅。""我的外甥会说话了，哈哈哈！"孙权开心道。

8. 吕布心想，我老师今天结婚了？他不是在深山里修炼吗？肯定有人故意传假消息给我。

9. 关羽喊住那个士兵，"你洗手了吗？别乱摸我的青龙偃月刀。"

10. 赵云这位常胜将军退役后坐在帐篷里，对士兵说，"把桌上的文件给我拿过来，放到这个空盒子里。"

很多人害怕记长句子，其实，句子没有那么难记，只要你展开想象力，一定可以把句子和桩子联系起来。后面的章节会讲到更深一层的记忆，会有关键字的提取，这里的句子则相对简单一些。那么你是否记住了呢？我们来尝试回忆一下吧！

1. 唐僧：_____

2. 孙悟空：_____

3. 猪八戒：_____

4. 沙僧：_____

5. 刘备：_____

6. 曹操：_____

7. 孙权：＿＿＿＿＿＿＿＿＿＿＿＿＿＿＿＿＿＿＿＿＿＿

8. 吕布：＿＿＿＿＿＿＿＿＿＿＿＿＿＿＿＿＿＿＿＿＿＿

9. 关羽：＿＿＿＿＿＿＿＿＿＿＿＿＿＿＿＿＿＿＿＿＿＿

10. 赵云：＿＿＿＿＿＿＿＿＿＿＿＿＿＿＿＿＿＿＿＿＿＿

若你能够成功回忆出这10句话，就说明你的记忆能力又上一层楼了！下面，我们开始进行大脑锻炼吧！练习之前看一下提醒。

练习提醒：我们记忆的时候可以多夸张，多加一些感觉，让自己记得更加清晰。第一次看本书以质量为主，第二次熟悉方法后可以计时训练。如果已经用第一个身体桩来记词语，那么只能用第二个身体桩，或者换一天来记忆相同类型的素材。记忆相同类型的内容时，每个身体桩一天只能用一次，以防混淆。

接下来我们进入记忆健身房，秀出你们强大的大脑吧！

记忆健身房

训练一（简单★）：词语20个。

1. 猪蹄	2. 经纪	3. 练习	4. 高手	5. 刺客
6. 北极	7. 狗仔	8. 团员	9. 打印机	10. 苦水
11. 民众	12. 帐篷	13. 嚣张	14. 墨西哥	15. 口语
16. 蛋汤	17. 茶杯	18. 魔方	19. 音响	20. 秒表

训练二（普通★★）：词语20个。

1. 瓷瓶	2. 椰丝	3. 泥坑	4. 饮水机	5. 梅花
6. 验钞机	7. 绿豆	8. 时常	9. 万年青	10. 憎恶
11. 文具盒	12. 丁香	13. 快速	14. 冰岛	15. 工作
16. 至今	17. 半导体	18. 玻璃	19. 长颈鹿	20. 箭猪

记忆健身房

训练三（难★★★）：词语20个。

1. 仇恨	2. 保守	3. 年轻	4. 防范	5. 危险
6. 容易	7. 袭击	8. 细致	9. 调节	10. 冲动
11. 勤奋	12. 帮助	13. 报销	14. 毛糙	15. 迷恋
16. 压抑	17. 谅解	18. 占据	19. 毅力	20. 历史

训练四（难★★★）：古诗词10句。

代悲白头翁

刘希夷

洛阳城东桃李花，飞来飞去落谁家？

洛阳女儿惜颜色，坐见落花长叹息。

今年花落颜色改，明年花开复谁在？

已见松栢摧为薪，更闻桑田变成海。

古人无复洛城东，今人还对落花风。

三、数字桩

数字桩就是指用数字编码来做桩子，记忆素材。前文我们已经编制了110个数字编码，也就相当于有110个桩子可以用。我们在第五章已经讲得比较清楚了，在这里只回忆一下前10个数字编码，然后就进入练习阶段。

1. 蜡烛 2. 鹅 3. 耳朵 4. 帆船 5. 钩子

6. 勺子 7. 拐杖 8. 葫芦 9. 酒 10. 棒球

练习提醒：我们用数字桩来进行这次练习，这一次试着记录自己记忆的时间。

接下来我们进入记忆健身房吧，秀出你们强大的大脑！

🧠 **记忆健身房**

训练（简单★）：词语。

1. 桌	2. 台灯	3. 课本	4. 盆栽	5. 田地
6. 葡萄	7. 传真机	8. 大提琴	9. 牙膏	10. 饭卡

四、字词桩

我们已经记忆下来的文章、诗词等可以化为一个个字词桩，帮助我们记忆其他的内容。拿《百家姓》来说，前10个姓分别是：

1. 赵　2. 钱　3. 孙　4. 李　5. 周　6. 吴　7. 郑　8. 王　9. 冯　10. 陈

姓本身比较抽象，我们可以通过逻辑、形似、谐音等方式进行转化，比如，用10个人或物来代表这10个姓。

1. 赵云（三国名将）

2. 钱庄（古代存钱的钱庄）

3. 孙猴子（《西游记》里的孙悟空）

4. 李靖（动画片里哪吒的父亲，托塔李天王）

5. 稀粥（粥—周）

6. 蜈蚣（蜈—吴）

7. 身份证（证—郑）

8. 王子（皇帝的儿子）

9. 冯程程（电视剧《上海滩》里丁力的老婆）

10. 陈伟（生活中一位朋友的名字）

接下来，用这10个字词桩记忆以下内容：

1. 贡品　　2. 结果　　3. 梅花　　4. 姿势　　5. 绅士

6. 后方　　7. 木块　　8. 喜羊羊　9. 褐色　　10. 纽扣

11. 原因　12. 负荷　13. 清楚　　14. 云　　　15. 公司

16. 狐狸　17. 沼泽　18. 呼噜声　19. 深的　　20. 字典

记忆参考：

1. 赵云拿着贡品交给主公刘备，结果刘备不买单，他很生气！

2. 钱庄里长出了一朵梅花，这朵梅花居然还会像人一样摆姿势！

3. 孙猴子变成了一位英伦绅士，藏在后方，等待妖怪。

4. 李靖拿着一块木块，追赶喜羊羊，想把喜羊羊打晕带回家。

5. 喝稀粥的时候发现里面有一颗褐色纽扣。

6. 有一只巨大的蜈蚣，不知道什么原因死在了门口，看着它的肚子，可能是超负荷地吃了某种食物撑死的。

7. 有身份证才能清楚地知道这个人合法拥有天空的云朵。

8. 王子成立了一家公司，里面的职员居然都是狐狸，好奇怪啊！

9. 冯程程摔在了沼泽里，居然若无其事地睡着了，还发出了呼噜声！

10. 陈伟掉进了一个很深的坑，发现了里面有一部很神奇的字典。

好，现在我们完整地从10个文字里回忆，写出记住的内容（过程可以不写）。

1. 赵云：_____

2. 钱庄：_____

3. 孙猴子：_____

4. 李靖：_____

5. 稀粥：_____

6. 蜈蚣：_____

7. 身份证： _____

8. 王子： _____

9. 冯程程： _____

10. 陈伟： _____

当你记完了这些素材，就该准备建立自己的文字桩了，可以是从10个开始，也可以从20个、30个甚至1000个开始，只有你有时间，扩充得越多越好。

接下来我们就用学会的文字桩进入记忆健身房练习一下吧！

记忆健身房

训练一（普通★★）：记忆20个词语。

1. 纪律	2. 指南针	3. 灰尘	4. 浮现	5. 兽皮
6. 交换	7. 巴旦木	8. 金属	9. 小二儿	10. 化石
11. 产生	12. 金丝雀	13. 冰雹	14. 高度	15. 小山
16. 想法	17. 典礼	18. 墨水	19. 兴趣	20. 雷达

训练二（普通★★）：记忆80个数字。

6582	4215	3547	6856	8241
9875	3584	1578	6842	6884
1235	6887	6874	1257	6541
6385	6887	1452	2546	3845

第2节 >>> 如何更快速地记忆——图像简化

通过前面的学习，我们已经对图像记忆方法有了比较深刻的印象以及掌握了部分使用的方法，接下来这节课，我将带领大家进行图像记忆的进阶学习——图像简化！

首先，我们来了解一下什么是简化法。图像简化是能够帮助我们简化想象，简洁又实用的好方法。之前我们会找出一些关键字，对图像进行联想，并将它们联系在一起。有时候，图像会非常的多，而现在，我们要对这些关键字进行再次加工，提炼出一些重要的字，再想象，就可以简单很多。从图像的角度说，就是将比较复杂的图像，浓缩成简单而实用的图像，大幅减少了记忆量，提高了效率。当然，我们还是需要从实例当中去体会这个过程，这样就可以更进一步地感悟到图像简化的优点。

图像简化的目的就是把复杂的图像简化成简单的句子，以减少记忆量，同时利用谐音以及联想，整合成更加简单又富有图像感的句子。

我来举个例子看一下。

例一：我们来记忆4个直辖市：北京、天津、上海、重庆。

这是4个城市，本身它们之间没有什么联系，也没什么图像，如果我们像之前一样进行记忆的话，需要将每个地名想成图像，然后将它们联结起来，最后形成一个完整的图像。比如，北京可以用"北京烤鸭"来代替，天津用"狗不理包子"代替，上海用"东方明珠"代替，重庆用"酸菜鱼"代替，转化后，将这几个代名词联想在一起。

如果我们这样去记的话，会很复杂，4个图像联系在一起，就会需要更多的记忆量。我们可以从它们的简称入手，北京简称京，天津简称津，上海简称沪，重庆简称渝，合起来就是"京津沪渝"。读一下，是不是有谐音的感觉？

晶晶可以想成身边的一位叫"晶晶"的人，或者想成天上亮晶晶的星星，所以"晶晶护鱼"就对应了亮晶晶的星星保护鱼的图像，如下所示。

晶晶护鱼

这就是简化，当然，有些同学会问，并不是所有的文字都有简称，是否也可以简化呢？当然可以。我们可以每个词语里各取一个字，比如，北京取"京"字，天津取"津"字，上海取"海"字，重庆取"庆"字，组合在一起是"京津海庆"，谐音"晶晶海庆"。由此可以想象出"晶晶在海上庆祝"的图像，如下所示。

晶晶海庆

我们从记忆素材中提取的字并非一定要按着顺序排列，也可以按照自己可以想象的画面进行合理的排列，这样便于记忆。

例二：我们来记一下北宋四大家：黄庭坚、欧阳修、苏轼、王安石。

简化句子后：

_____

_____

提示：简化之前一定要熟悉一下原来的内容，这样才能在简化后还原回来。

记忆参考：

简化：黄庭坚—黄，欧杨修—殴，王安石—王，苏轼—叔

转化：小黄殴打上了年纪的王叔（黄殴王叔）！

例三：人际关系的特点。

1.人际关系的核心是人。

2.人际关系是一个多层次的复杂结构。

3.人际关系是客观的，是由社会交往形成的。

4.人际关系是一个纵横交错的网状结构。

5.人际关系的本质体现在人的思想品格相似。

对于这些相对比较长的句子，进行记忆的时候，要先用理解，把关键因素和核心寻找出来，可以是一句当中的重要词语或字，也可以是自己总结出来的一个词语，由这个词可以想到整个句子。

我们先来看一下第一句，人际关系的核心是人，这句话非常容易理解，可以简化成"心人"。

我们再来看一下第二句，人际关系是一个多层次的复杂结构，由此可以提炼出一个"多层次"，想象成千层糕。

长句子也是可以简化的，简化后转化成我们需要的图像，然后将它们连成一幅图像，这样就会非常容易记忆。

我们的步骤是：找出关键字词简化，转化成图像，连接成一幅图像。

人际关系是一个多层次的复杂结构。

简化：_____   转化：_____

人际关系是客观的，是由社会交往形成的。

简化：_____   转化：_____

人际关系是一个纵横交错的网状结构。

简化：_____   转化：_____

人际关系的本质体现在人的思想品格相似。

简化：_____   转化：_____

将简化并转成图像的5个图连成一句话，然后在大脑中形成一幅图。

连成一句话：

_____

简化参考：

人际关系是一个多层次的复杂结构。

简化：多层次结构。　　转化：层，千层糕。

人际关系是客观的，是由社会交往形成的。

简化：客观，社交。　　转化：客社，旅客社团。

人际关系是一个纵横交错的网状结构。

简化：网状结构。　　转化：网，捕鱼网。

人际关系的本质体现在人的思想品格相似。

简化：本质，品格。　　转化：本质，本子；品格，格子——本子里画格子。

简化好的词语的图像分别是：心人、千层糕、旅客社团、捕鱼网、本子里画格子。

想成一幅场景就是：

心人拿着千层糕在旅客社团用捕鱼网捞上来的本子里画格子。

通过上面的学习，我们已经初步地了解如何去转化，能够自己将词语转化，但是还需要一定的练习来提高我们转化的能力。

接下来进入记忆健身房，秀出你们强大的大脑吧！

提示：先提取关键字，进行简化后再转化成图像，连接成一幅图像。

记忆健身房

训练一（普通★★）：

三山五岳：

东海里的三座仙山：瀛洲、蓬莱、方丈

五岳：东岳泰山、南岳衡山、西岳华山、北岳恒山、中岳嵩山

训练二（普通★★）：

神话八仙：

铁拐李、汉钟离、张果老、何仙姑、蓝采和、吕洞宾、韩湘子、曹国舅

训练三（难★★★★）：

《南京条约》主要内容：

1. 割香港岛给英国。

2. 赔款2100万元。

3. 开放广州、厦门、福州、宁波、上海五处为通商口岸。

4. 英商进出口货物应纳税款，必须经过双方协议。

记忆健身房

训练四（非常难★★★★）：

商鞅变法主要内容：

1. 废除井田制，承认土地私有，准许土地自由买卖。

2. 按军功授爵，废除奴隶主贵族世袭特权。

3. 建立县制，实行中央集权的政治制度，全国设三十一个县，由国君直接派官吏管理，强迫人民编成"伍""什"，由国家统一控制。

4. 奖励耕织，生产多的可免徭役，鼓励发展生产。

第3节 >>> 字词桩及其运用

我们来了解一下字词桩的概念。所谓字词桩就是用每个字或者词和对应的答案进行串联联想的一种记忆方式，特别适用于考试中的简单题和选择题。

我们通过一些例子来进行学习。

例一：

《春秋》三传，分别是哪三传？

A.《左传》　　B.《公羊传》　　C.《谷梁传》　　D.《甄嬛传》

答案是ABC，我们从题目中提取"春秋"二字，来记忆三部传记。

记忆参考：

谷梁—姑娘

春秋时期，姑娘牵着公羊向左转。

例二：市场经济的一般特征：

平等性、竞争性、法制性、开放性。

首先，我们从"市场经济的一般特征"提取重要关键字词："市场经济"。然后展开联想。

记忆参考：

市—市平，谐音视频——市场里放着视频教导人如何买卖。

场—场争——在市场里很多人在争抢着美食。

经—经法——在市场里，有人在经营法律相关的书籍。

济—济放——济公在市场里放了很多食物，卖熟食。

提示：其实这里还可以用另一种记忆法，会更简洁一些，想想看。

我们可以把市场和四个答案的首字或者中间的关键字联系在一起，形成一个画面，会更容易一些。这里留给大家自己思考记忆。

例三：

在狱咏蝉

骆宾王

西陆蝉声唱，南冠客思深。

不堪玄鬓影，来对白头吟。

露重飞难进，风多响易沉。

无人信高洁，谁为表予心。

这是一首诗，平时我们可以用绘图法或者情景想象的方法来记忆，这里我们用字词桩的方式来尝试一下。

简化：

1._____ ——_____

_____

2. _____ —— _____

_____

3. _____ —— _____

_____

4. _____ —— _____

_____

来检验下自己的记忆成果吧！

1. _____

2. _____

3. _____

4. _____

对比感受一下这种记忆方法与其他方法有什么不一样。因为每个人对不同的记忆法感觉会不一样，所以我们也可以灵活运用哦！

记忆参考：

提示：一个标题字用来记两句。

1. 在—仔——牛仔在西部登陆听到蝉的声音，似乎在唱歌，戴着南瓜冠的客人思考着它们是不是来入侵的。

2. 狱—狱卒——狱卒在看着一个有辫（鬓）影的人，来了一对白头发的人还在吟唱。

3. 咏—游泳——小鸟游泳后，雨露滴身上很重，很难飞进家里，风很多响声，容易在风里沉默。

4. 蝉—没有人相信蝉是高大洁白的，然后蝉说：有谁为了一块手表去换鱼心（予心）。

有时转化成图像的过程是困难的，联想出的画面也有些奇怪，但只要能记下来便是好的，所以大胆地去想象吧！想象是没有对错的。

接下来让我们一起进入记忆健身房，锻炼一下吧！

提示：重点在于简化—转化图像训练。

记忆健身房

训练一（普通★★）：

基础代谢的影响因素包括：性别、年龄、体型、内分泌

训练二（普通★★）：

同盟会的政治纲领是：驱除鞑虏、恢复中华、创立民国、平均地权

训练二（难★★★★）：

中日《马关条约》主要内容：

1. 割辽东半岛、台湾及其附属岛屿、澎湖列岛给日本。

2. 赔偿日本军费白银二亿两。

3. 开放沙市、重庆、苏州、杭州为商埠，日本轮船可沿内河驶入以上各口。

4. 允许日本在中国的通商口岸开设工厂，产品运销中国内地免收内地税。

本章总结

一、图像的四种定桩方式

身体定桩，人物定桩、数字定桩、字词桩。在定桩的时候一定要注意简化内容，这一点要多训练，往往这一点是最难练的。

二、如何更快速地记忆——图像简化

图像的简化要注意在关键字词上再进行浓缩，让复杂的句子变成更浓缩的关键字，从而进行联结，形成一幅完整的图画。

三、字词桩的运用

字词桩主要用在选择题和考试简答题等试题中，在这个过程中可以利用标题当中的文字进行联结，当然这个过程中最重要的是简化文字，简化我们要记的内容，然后将我们要记的内容简化后和标题联结在一起，形成关联记忆，当然要有图像才会记得更清晰。

第七章
文章联想记忆

第1节 >>> 提取关键字

我们的记忆内容都是围绕关键词展开的，如果你抓取了其中的关键词，那么一篇文章的意思，你也就理解了，又能利用关键词转化成图像进行记忆。在前面章节里，我们讲到过提取关键字的操作，这一节中我们来详细了解和训练如何提取关键字，这是记忆环节里比较关键的步骤，需要通过多训练来提升能力。以下是提取关键字的基础步骤。

1. 名词

2. 中心词

3. 联结词（总结出来联想前后句的词语）

一、现代文句子

关键词在每一个句子当中都不太一样，当然它的单位是句子，所以我们从句子开始训练。

提示：每小句提取1~2个关键词。

举例：

1. 人生就像一座山，重要的不是它的高低，而在于灵秀。

关键字词：_____

提取参考：山，高低，灵秀。

2. 世界是不完美的，每个人都有各式各样的缺点，可就是这样不完美的世界才会令人发出从心底的赞美，才会诞生出一群不完美的我们，所以人各有不一样，所以才会缤纷多彩。

关键字词：＿＿＿＿＿＿＿＿＿＿＿＿＿＿＿＿＿＿＿＿＿＿＿

提取参考：世界，缺点，世界，赞美，我们，人，缤纷多彩。

3. 不要悲观地认为自己很不幸，其实比你更不幸的人还很多；不要乐观地认为自己很伟大，其实你只是沧海之一粟。

关键字词：＿＿＿＿＿＿＿＿＿＿＿＿＿＿＿＿＿＿＿＿＿＿＿

提取参考：自己，不幸的人，自己，伟大，沧海，一粟。

提取关键词没有固定的标准，只要能帮助自己理解和回忆即可。当句子比较长时，可以多提取一些关键字词。

二、古诗词句子

我们经常会遇到古诗词的学习和背诵。一些古诗比较拗口，较难提取关键字词。所以我们也需要做一些练习。

举例：

北　风

北风其凉，雨雪其雱。

惠而好我，携手同行。

其虚其邪？既亟只且！

北风其喈，雨雪其霏。

惠而好我，携手同归。

其虚其邪？既亟只且！

莫赤匪狐，莫黑匪乌。

惠而好我，携手同车。

其虚其邪？既亟只且！

1. 北风其凉，雨雪其雱。

关键字词：＿＿＿＿＿＿＿＿＿＿＿＿＿＿＿＿＿＿＿＿＿＿。

提取参考：北风，雨雪。

2. 惠而好我，携手同行。

关键字词：＿＿＿＿＿＿＿＿＿＿＿＿＿＿＿＿＿＿＿＿＿＿。

提取参考：惠，携手。

3. 其虚其邪？既亟只且！

关键字词：＿＿＿＿＿＿＿＿＿＿＿＿＿＿＿＿＿＿＿＿＿＿。

提取参考：虚邪，亟且。

4. 北风其喈，雨雪其霏。

关键字词：＿＿＿＿＿＿＿＿＿＿＿＿＿＿＿＿＿＿＿＿＿＿。

提取参考：喈霏。

5. 惠而好我，携手同归。

关键字词：＿＿＿＿＿＿＿＿＿＿＿＿＿＿＿＿＿＿＿＿＿＿。

提取参考：携归。

6. 其虚其邪？既亟只且！

关键字词：＿＿＿＿＿＿＿＿＿＿＿＿＿＿＿＿＿＿＿＿＿＿。

提取参考：虚亟。

7. 莫赤匪狐，莫黑匪乌。

关键字词：＿＿＿＿＿＿＿＿＿＿＿＿＿＿＿＿＿＿＿＿＿＿。

提取参考：匪狐，匪乌。

8. 惠而好我，携手同车。

关键字词：＿＿＿＿＿＿＿＿＿＿＿＿＿＿＿＿＿＿＿＿＿＿。

提取参考：携车。

9.其虚其邪？既亟只且！

关键字词：＿＿＿＿＿＿＿＿＿＿＿＿＿＿＿＿＿＿＿＿＿＿＿＿＿。

提取参考：虚亟。

提示：提取古诗词关键字词的时候，要注意一些要点，比如，有些句子会重复出现，你只需要记住前面的，后面的就可以用其他关键字词想起来，比如，"其虚其邪？既亟只且！"我们用关键字词"虚亟"来回忆。还有一些会稍微变动一点点，比如，"惠而好我，携手同行"和"惠而好我，携手同归"只差一个字，我们只需要把这个字单独或者组合记一下，提取也相对简单，这个过程中的原则还是一样的——以自己实际记忆能够回想的词语为主，找不出来就按关键字词的原则去找就行。

三、文言文句子

由于语言的演变，文言文中的一些字词令人较难理解，提取关键字词时要考虑这一因素，综合地选取，便于记忆。

举例：

自悼赋（节选）

班婕妤

承祖考之遗德兮，何性命之淑灵。登薄躯于宫阙兮，充下陈为后庭。蒙圣皇之渥惠兮，当日月之圣明。扬光烈之翕赫兮，奉隆宠于增成。既过幸于非位兮，窃庶几乎嘉时。每寤寐而累息兮，申佩离以自思。陈女图以镜监兮，顾女史而问诗。悲晨妇之作戒兮，哀褒、阎之为邮；美皇、英之女虞兮，荣任、姒之母周。虽愚陋其靡及兮，敢舍心而忘兹？历年岁而悼惧兮，闵蕃华之不滋。

1.承祖考之遗德兮，何性命之淑灵。

关键字词：＿＿＿＿＿＿＿＿＿＿＿＿＿＿＿＿＿＿＿＿＿＿＿＿＿。

提取参考：承祖，性命。

2. 登薄躯于宫阙兮，充下陈为后庭。

关键字词：_____。

提取参考：薄躯，后庭。

3. 蒙圣皇之渥惠兮，当日月之圣明。

关键字词：_____。

提取参考：圣皇，日月。

4. 扬光烈之翕赫兮，奉隆宠于增成。

关键字词：_____。

提取参考：光烈，隆宠。

5. 既过幸于非位兮，窃庶几乎嘉时。

关键字词：_____。

提取参考：过幸，窃庶。

6. 每寤寐而累息兮，申佩离以自思。

关键字词：_____。

提取参考：寤寐，佩离。

7. 陈女图以镜监兮，顾女史而问诗。

关键字词：_____。

提取参考：陈女图，顾女史。

8. 悲晨妇之作戒兮，哀褒、阎之为邮。

关键字词：_____。

提取参考：悲晨妇，哀褒阎。

9. 美皇、英之女虞兮，荣任、姒之母周。

关键字词：_____。

提取参考：美皇英，荣任姒。

10. 虽愚陋其靡及兮，敢舍心而忘兹？

关键字词：_____。

提取参考：愚陋，舍心。

11. 历年岁而悼惧兮，闵蕃华之不滋。

关键字词：_____。

提取参考：历年岁，闵蕃华。

该选择哪些字词作为关键字词需要大家自己把握。最重要的原则在于能够借助关键词记住句子本身。许多人倾向于选择名词作为关键词，但这有时也会导致难以想起后面的词语，此时可以考虑增加关键词的个数。

下面我们进入记忆健身房，锻炼一下吧！

记忆健身房

训练一（简单★）：现代文句子提取关键字练习。

　　路上，阳光洒满车顶，调皮的它，从车窗随着风，蹦了进来，打在我的脸上，痒痒的。嗅着衣服上散发着阳光的味道，一张张笑脸涌了出来，是那么调皮，那么活泼。一抹能和阳光比美的微笑在嘴角绽放，那么纯真，那么自然。

训练二（一般★★）：古诗句子关键字提取练习。

采　蘋

于以采蘋？南涧之滨。

于以采藻？于彼行潦。

于以盛之？维筐及筥。

于以湘之？维锜及釜。

于以奠之？宗室牖下。

谁其尸之？有齐季女。

记忆健身房

训练三（困难★★★）：文言文句子关键字提取练习。

氓

氓之蚩蚩，抱布贸丝。匪来贸丝，来即我谋。送子涉淇，至于顿丘。匪我愆期，子无良媒。将子无怒，秋以为期。

乘彼垝垣，以望复关。不见复关，泣涕涟涟。既见复关，载笑载言。尔卜尔筮，体无咎言。以尔车来，以我贿迁。

桑之未落，其叶沃若。于嗟鸠兮！无食桑葚。于嗟女兮！无与士耽。士之耽兮，犹可说也。女之耽兮，不可说也。

桑之落矣，其黄而陨。自我徂尔，三岁食贫。淇水汤汤，渐车帷裳。女也不爽，士贰其行。士也罔极，二三其德。

三岁为妇，靡室劳矣。夙兴夜寐，靡有朝矣。言既遂矣，至于暴矣。兄弟不知，咥其笑矣。静言思之，躬自悼矣。

第2节 >>> 古诗词记忆

记忆古诗词主要有以下几个步骤：快速浏览，扫除生词障碍，理解大概意思，快速记忆。在这个过程中，我们如何利用记忆方法进行快速记忆呢？记古诗的方式通常有以下两种：

一、绘图法

我们对古诗进行绘图的时候需要注意以下4点：

1. 提取关键词进行图像转化（有时候需要谐音）。

2. 绘图有一种顺序感。

3. 看着图还原古诗。

4. 不看图，完成背诵。

我们来看以下几个例子：

如梦令·常记溪亭日暮

李清照

常记溪亭日暮，沉醉不知归路。兴尽晚回舟，误入藕花深处。争渡，争渡，惊起一滩鸥鹭。

提取关键字：溪亭，日暮，沉醉，晚回舟，藕花，鸥鹭。

这是在纸上手绘的效果。我们在画图的时候不用注重自己画得好与差，重点是画出来的图像能够帮助我们记住内容即可。

西江月·夜行黄沙道中

辛弃疾

明月别枝惊鹊，清风半夜鸣蝉。

稻花香里说丰年，听取蛙声一片。

七八个星天外，两三点雨山前。

旧时茅店社林边，路转溪桥忽见。

提取关键字词：明月，惊鹊，鸣蝉，稻花，蛙声，星，雨山，茅店，溪桥。

这是使用手机作图，相比较更简单，更省时间一些。在这个过程中，同样需要把关键字转化成图像，进行有顺序的联想。手机绘图上色更方便，而大脑更容易记住有色彩的画面。

我们通过两首古诗来练习一下这两种方式，手机不方便的话就都用手绘的方式来进行记忆。

木 瓜

投我以木瓜，报之以琼琚。

匪报也，永以为好也！

投我以木桃，报之以琼瑶。

匪报也，永以为好也！

投我以木李，报之以琼玖。

匪报也，永以为好也！

君子于役

君子于役，不知其期。

曷至哉？鸡栖于埘。

日之夕矣，羊牛下来。

君子于役，如之何勿思！

君子于役，不日不月。

曷其有佸？鸡栖于桀。

日之夕矣，羊牛下括。

君子于役，苟无饥渴？

二、情景法

诗歌常常有意境和情境，我们可以站在作家的立场去感受所发生的一切，在内心描摹一幅画面。

情景记忆法基本步骤：

1. 通读全文。

2. 情景想象。

3. 还原全文。

如梦令·常记溪亭日暮

李清照

常记溪亭日暮，沉醉不知归路。兴尽晚回舟，误入藕花深处。争渡，争渡，惊起一滩鸥鹭。

译文：时常记起在溪边亭中游玩至日色已暮，沉迷在优美的景色中忘记了回家的路。尽了酒宴兴致才乘舟返回，不小进入藕花深处，奋力把船划出去呀！奋力把船划出去！划船声惊起了一群鸥鹭。

提取关键字词：溪亭，日暮，沉醉，晚回舟，藕花，争渡，鸥鹭。

我们想象诗中所描绘的情景是自己亲眼所见的，在情景的转换中还原出整首诗歌，遇到想象困难的部分就需要转换一下。

溪亭

日暮

沉醉，晚回舟，争渡

鸥鹭

使用情景想象法背诵以下古诗词。

春 日

朱熹

胜日寻芳泗水滨，无边光景一时新。

等闲识得东风面，万紫千红总是春。

译文：风和日丽之时，到泗水的河边踏青，无边无际的风光焕然一新。谁都可以看出春天的面貌，春风吹得百花开放、万紫千红，到处都是春天的景致。

元 日

王安石

爆竹声中一岁除，春风送暖入屠苏。

千门万户曈曈日，总把新桃换旧符。

译文：阵阵轰鸣的爆竹声中，旧的一年已经过去；和暖的春风吹来了新年，人们欢乐地畅饮着新酿的屠苏酒。初升的太阳照耀着千家万户，他们都忙着把旧的桃符取下，换上新的桃符。

四时田园杂兴

范成大

昼出耘田夜绩麻，村庄儿女各当家。

童孙未解供耕织，也傍桑阴学种瓜。

译文：白天去田里锄草，到了夜晚回来搓麻绳，农家男女都各自挑起家庭的重担。儿童不明白怎么耕耘，但也在桑树下学着大人的样子种瓜。

下面我们进入记忆健身房，锻炼一下吧！

记忆健身房

训练一（简单★）：请用绘画法来记忆古诗。

正月十五夜灯

张祜

千门开锁万灯明，正月中旬动帝京。

三百内人连袖舞，一时天上著词声。

鹧鸪天·西都作

朱敦儒

我是清都山水郎，天教分付与疏狂。

曾批给雨支风券，累上留云借月章。

诗万首，酒千觞。几曾着眼看侯王？

玉楼金阙慵归去，且插梅花醉洛阳。

记忆健身房

训练二（一般★★）：请用情景记忆法来记忆古诗。

涉江采芙蓉

涉江采芙蓉，兰泽多芳草。

采之欲遗谁？所思在远道。

还顾望旧乡，长路漫浩浩。

同心而离居，忧伤以终老。

译文：我踏过江水去采荷花，生有兰草的水泽中长满了香草。采了荷花要送给谁呢？我想要送给远方的爱人。回头看那一起生活过的故乡，长路漫漫，遥望无边无际。两心相爱却要分隔两地不能在一起，愁苦忧伤以至终老异乡。

赠从弟·其二

刘桢

亭亭山上松，瑟瑟谷中风。

风声一何盛，松枝一何劲。

冰霜正惨凄，终岁常端正。

岂不罹凝寒？松柏有本性。

译文：高山上松树挺拔耸立，山谷间狂风瑟瑟呼啸。风声是多么的猛烈，松枝又是多么的刚劲！任它满天冰霜惨惨凄凄，松树的腰杆终年端端正正。难道是松树没有遭到严寒的侵凌吗？不，是松柏天生有着耐寒的本性！

第3节 >>> 文章段落记忆

文章段落的背诵有很多种，为了让大家能更好地掌握，接下来，给大家详细地介绍不同方法的实际运用。大家可以在多种方法中自由选择。

一、现代文

1. 电影串联法记忆现代文

在背诵的文章中，提取关键字词，像拍电影一样，串联成电影故事，记住后，回忆出整个句子。

青岛的树（节选）

苏雪林

青岛所给我第一个印象是树多。到处是树，密密层层的，漫天盖地的树，叫你眼睛里所见的无非是苍翠欲滴的树色，鼻子里所闻的无非是芳醇欲醉的叶香，肌肤所感受的无非是清凉如水的爽意。从高处看一看，整个青岛，好像是汪洋的绿海，各种建筑物则像是那露出水面的岛屿之属。我们中国人说绿色可以养目。英国18世纪也有个文人写了一篇文章，将这个理由加以科学和神学的解释，他说道：别的颜色对于我们视神经的刺激或失之过强，或失之过弱，惟有青绿之色最为适宜，造物主便选择了这个颜色赐给我们，所以我们的世界，青绿成为主要的部分。这道理也许是对的吧。

提取关键字词：

青岛所给我第一个印象是树多。到处是树，密密层层的，漫天盖地的树，叫你眼睛里所见的无非是苍翠欲滴的树色，鼻子里所闻的无非是芳醇欲醉的叶香，肌肤所感受的无非是清凉如水的爽意。从高处看一看，整个青岛，好像是汪洋的绿海，各种建筑物则像是那露出水面的岛屿之属。

我们中国人说绿色可以养目。英国18世纪也有个文人写了一篇文章，将这个理由加以科学和神学的解释，他说道：别的颜色对于我们视神经的刺激或失之过强，或失之过弱，惟有青绿之色最为适宜，造物主便选择了这个颜色赐给我们，所以我们的世界，青绿成为主要的部分。这道理也许是对的吧。

黑体字部分就是关键字词。我们对于一些比较长的句子，可以从中间选多个关键字词，帮助自己去记忆，再把关键字词串联成电影，在这个过程中去回忆，如果对这一方法还不是特别清晰，可以翻看之前的章节加以巩固。

天火（节选）

阿来

岩石就矗立在这座山南坡与北坡之间的峡谷里。多吉站在岩石平坦的顶部，背后，是高大的乔木，松、杉、桦、栎组成的森林，墨绿色的森林下面，苔藓上覆盖着晶莹的雪。岩石跟前，是道冰封的溪流。溪水封冻后，下泄不畅，在沟谷中四处漫流，然后又凝结为冰，把一道宽阔平坦的沟谷严严实实地覆盖了。沟谷对面，向阳的山坡上没有大树，枯黄的草甸上长满枝条黝黑的灌丛，草坡上方，逶迤在蓝天下的是积着厚雪的山梁。

提取关键字词：

岩石就**矗立**在这座**山南坡**与**北坡**之间的**峡谷**里。多吉站在岩石平坦的**顶部**，背后，是高大的**乔木**，松、杉、桦、栎组成的**森林**，墨绿色的森林下面，**苔藓**上覆盖着晶莹的**雪**。岩石跟前，是道冰封的**溪流**。溪水封冻后，下泄不畅，在沟谷中四处**漫流**，然后又凝结为冰，把一道宽阔平坦的沟谷严严实实地**覆盖**了。沟谷对面，向阳的山坡上没有**大树**，枯黄的**草甸**上长满枝条黝黑的**灌丛**，草坡上方，逶迤在蓝天下的是积着厚雪的**山梁**。

把关键字词组合在一起，形成一幅画面，犹如电影，帮助回忆文章内容，有一部分回忆不出来可以对照原文，关键字的选取可以有差别，为的是帮助自己更好地记住原文，选取上可以多变。

2. 身体桩记忆现代文

还记得吗，我们可以借助身体桩来记忆哦！如果你忘记了，请翻到第六章再回顾一下。

我们在用身体桩记忆的时候，第一需要提取关键字词，可以在读的时候恰当地选取。在用身体桩的时候，结合要记句子中的关键字词和身体的位置发生联结，进行生动的联想，从而记住整个句子。有些人会有这样的疑问：身体桩才10个位置如何记忆更多的句子呢？其实，这个问题在讲述身体桩的有关知识时已经回答过了。我们可以扩充不同的人，固定顺序的人越多，你能借助的身体桩越多，记忆的内容就越多。至于在身体上记忆几个句子就看个人的能力而定了。刚开始也不要在一个位置上放太多的句子，不然比较难记住。

我们来练习一下：

盲者（节选）

刘学林

这时候她听到了盲老人的坠胡声，那琴声淡若流云，清如溪水，也看到了坐在一条小巷的巷口操琴的盲老人。老人不是那种睁眼瞎，该长眼睛的部位陷进去两个深坑。老人面如荒漠，坐在闹市就像坐在渺无人迹的荒原上。老人面前放着一个铁盒子，圆形的破旧的铁皮盒子，盒子里有不少零票子，一角的，两角的，一元的，两元的，她看得清清楚楚还有两张五元的，一张十元的。她的眼睛心也随之慌慌跳起来。我只拿张五元的，只拿张五元的。可是怎么拿呢？人熙来攘往，看到我拿一个瞎眼老人的钱会出现什么后果呢？

提示：可以使用自己准备的第二个或第三个身体桩，忘记了可以回顾第六章的相关内容。

3. 情景法记忆现代文

鹰的飞翔

彭托皮丹

雌鹰是不是永远也不会停下来？它想着，它快筋疲力尽了，翅膀感到又累又重，雌鹰飞得越来越高，离深红色的山峰越来越远，呼唤着，诱惑着它跟随。它们来到一片广漠的石头荒野，凌乱的巨石相互颓倾在一起。猛然间它们面前的视野敞开了，流动的云端上，如幻景般，绵延着常年积雪的诡秘地域，那里从未被众生污染，是鹰与寂静的家园。白昼的最后一抹光线似乎在皑皑的白雪上歇息安睡了。它的后面，暗蓝的天幕升起，满是宁静的星星。

现代文的情景记忆比较简单，站在作者的角度，提取关键字词，一句、一句地跟着作者的节奏联想，步骤是通读，提取关键字词，联想，回忆。这也是我最喜欢用的方式，相对简单，不会太复杂。

提取关键字词：

雌鹰是不是永远也不会停下来？它想着，它快**筋疲力**尽了，**翅膀**感到又**累**又**重**，**雌鹰**飞得越来越**高**，离深**红色**的**山峰**越来越**远**，呼唤着，诱惑着它跟随。它们来到一片广漠的石头荒野，凌乱的巨石相互颓倾在一起。猛然间它们面前的视野敞开了，流动的云端上，如幻景般，绵延着常年积雪的诡秘地域，那里从未被众生污染，是鹰与寂静的家园。白昼的最后一抹光线似乎在皑皑的白雪上歇息安睡了。它的后面，暗蓝的天幕升起，满是宁静的星星。

根据关键字词直接联想情节，一些情节可以参考绘图法，按顺序联想，大脑的联想可以尽可能加入颜色。

来做一个练习：

中国南北文化（节选）

从思想形态上说，儒家思想更多地属于北方变化系统，充满着先秦理性精神，道家思想更多地属于南方文化，充满着理想和浪漫气息。而儒道互补，构成了中国文化思想的主导形态和文化发展趋势。儒家思想成了正统思想和官方意识形态，标志着北方文化的主导地位和主流性。文化的中心在北方中原、华北地区，这里的重要自然景观是黄土和黄河，它们是中华民族的摇篮，也是哺育中国文化的乳汁，因此可以说中国传统文化的源头在黄河，传统文化的根扎在黄土中。正统文化的底色就是黄河文明，或称黄土文明。中国历代首都大都坐落在黄土地上，分布在黄河主轴线周围，如西京长安、东京汴梁、北京等，它们都是中国传统华夏"黄土文明"或叫"黄河文化"的凝聚点和扩散中心。

二、文言文

文言文包括诗、词、曲、骈文等多种文体。相对于现代文，文言文的用词更精炼，但有时也更难懂。这导致文言文的背诵较为困难。其实，我们同样可以使用情景记忆法来背诵文言文，尤其是古诗词。那些传世的名作大多朗朗上口，具有鲜明、独特的意境和情感。我们可以利用谐音等转化方法把拗口的内容变为夸张的形象，结合文言文本身的意境，联想出生动活泼的画面，从而快速记忆下来。

记忆文言文的步骤：

1. 通读第一遍，扫除生词障碍。

2. 通读第二遍，培养语感，理解大概的意思。

3. 看译文，想象情景。

4. 记忆内容。

5. 还原文章内容。

例一：

答谢中书书

陶弘景

山川之美，古来共谈。高峰入云，清流见底。两岸石壁，五色交辉。青林翠竹，四时俱备。晓雾将歇，猿鸟乱鸣；夕日欲颓，沉鳞竞跃。实是欲界之仙都。自康乐以来，未复有能与其奇者。

首先我们通读两遍，理解大概意思，可以参看译文，之后就进行情景想象。

如果没有译文，就根据大概的理解进行情景想象。这里，我站在大部分内容不理解的角度去进行情景想象。

记忆参考：

山川景色的美丽，自古以来共同谈话欣赏。高高的山峰耸入云端，清流清澈见底。两岸的石壁，五种色彩，交相辉映。青色的密林和翠竹，四时就会聚（俱）集和准备。清晨的薄雾（晓雾）将要消散（歇）的时候，猿、鸟乱叫（鸣）；夕阳（日）快要落山（欲颓）的时候，沉在水里的鳞片竞争跃起。这里实在是玉界（欲界）的仙都。自健康快乐以来，未来重复时有能与他（其）相遇的奇怪忍者。

然后我们尝试还原原文，进行校对。

江城子·密州出猎

苏轼

老夫聊发少年狂，左牵黄，右擎苍，锦帽貂裘，千骑卷平冈。为报倾城随太守，亲射虎，看孙郎。

酒酣胸胆尚开张，鬓微霜，又何妨！持节云中，何日遣冯唐？会挽雕弓如满月，西北望，射天狼。

我们还是先通读两遍，扫除生字障碍，理解大概的意思。

记忆参考：

老夫撩（聊）起头发像少年一样张狂，左手牵黄狗，右手擒（擎）苍鹰。戴着锦段做的帽子，穿着貂皮秋（裘）衣，带着千骑卷起尘土跑过平平的山冈。为了报答倾城相救，追随太守，亲自射杀老虎，看望孙郎。

一个喝醉酒的汉（酣）子卖熊（胸）胆，上来就开张。鬓角突然有了微霜，有（又）何方（妨）妖怪要出现？劫持姐（节）姐飞到云的中间，不知何日才派遣冯唐？会挽起雕工如天上的满月，朝西北望去，射杀天上那只狼。

然后还原，校对，再进行补漏。补漏也可以转化一部分，加深印象。古文的记忆，就是要在结合大概意思的前提下，进行情景想象，转化不理解的拗口词语。

下面我们进入记忆健身房，锻炼一下吧！

记忆健身房

训练一（一般★★）：请尝试记忆以下现代文。

银白色的雪花纷纷扬扬，飘飘洒洒，轻轻地罩满了整个世界。

雪不同于雨，雨的来去总是吵闹着，直白地让人感到一种气势，而雪却是静静地来，悄悄地去，在无垠的静谧中，给大地铺上冰晶玉屑。

飘落的雪花如同寻梦的银蝶，漫天飞舞，绵软而轻盈。但是，当你定睛于那不羁的飘洒时，会感到雪的高贵品格像骏马奔涌执着，像猎人智慧果敢。

雪不惜自己的洁白，在飘落中荡尽世间的一切尘埃，并扑于身下，还世界以新的纯净，以全部的贞洁、博大的胸襟包容着赤裸的大地。

记忆健身房

雪，是平等博爱的使者。不论是高入云端的山峦，还是一望无际的平地，雪给人们洒下同样的希望与憧憬，洒下同样的清纯与晶莹。

训练二〔难★★★〕：请用情景法记忆以下文言文片段。

春秋时，晋平公欲伐齐，使范昭往观齐国之政。齐景公觞之，酒酣，范昭请君之尊酌。公曰："寡人令尊进客。"范昭已饮，晏子撤尊，更为酌。范昭佯醉，不悦而起舞，谓太师曰："我欲成周之乐，能为我奏，吾为舞之。"太师曰："冥臣不习。"范昭出。景公曰："晋，大国也，来观吾政，今子怒大国使者，将奈何？"晏子曰："观范昭非陋于礼者，今将惭吾国，臣故不从也。"太师曰："夫成周公之乐，天子之乐也，惟人主舞之，今范昭人臣，而欲舞天子之乐，臣故不为也。"范昭归报晋平公曰："齐未可伐，臣欲辱其君，晏子知之；臣欲犯其礼，太师识之。"仲尼曰："'不越尊俎之间，而折冲于千里之外'，晏子之谓也。"

本章总结

一、提取关键字

从名词、中心词、连接词当中寻找关键字词，也可以自己定义。

二、古诗词记忆

绘图法是基础，只需要简单的图画就能帮助记忆，适合包括小学生在内的大部分人。当技能纯熟后，可以使用情景想象，这时候就需要多练习，提高联想的能力才能提高对古诗整体记忆的准确度。

三、文章段落记忆

现代文记忆有三种方式：电影串联法、身体定桩法、情景想象法。

三种方式都可以用来记忆现代文，第三种方式更适合理解的情况下记忆。在理解的基础上使用情景想象的方式，会更容易记住文言文。

第八章
英语单词如何记

第1节 >>> 你为什么很难记单词

随着全世界的发展，越来越多的中国人开始走出国门，当然也有不少的国际友人来到中国，国家之间的合作也越来越多。另外，在我国的教育体系当中，英语考试比比皆是，小学，初中，高中，大学，直到成年，还是有很多跟英语相关的考试，英语考试非常重要。如果你想要拿到本科学位，英语必须要过CET4；想要考上硕士研究生，英语必须过CET6；如果你想要出国学习，英语便是敲门砖。可见，如果能讲出一口流利的英语，必然会让生活工作和学习变得简单很多。

曾经有一个时间段，甚至有英语学习的浪潮出现，这也造就了很多的英语讲师。但凡你经过所在城市的任何一家英语培训机构，眼前的情景一定让你惊叹不已。教室里面是一群牙牙学语的3岁孩童，在里面跟着年轻的老师开心地学着，另一间教室里有很多高级白领跟着一些外教大声地练习着口语。我见过一位老爷爷，为了提升自己的生活品质，在一家培训机构足足学习了半年时间。甚至有人把文盲的范畴扩大到不懂英语的人，很多人都希望能熟练地掌握英语，为自己增添未来的发展能力。

对于每一个中小学生来说，记英语单词是再热悉不过的了。但大部分同学都是以死记硬背的方式在记，记了又忘，忘了又记，重复100～150次以上，浪费很多的时间和精力，但收效甚微。练习题做了一本又一本，英语单词一遍遍地记，依然考不好，就算通过考试，也很少有人能够顺畅地用好英语。为什么会这样呢？

答案便是词汇量不够！

英语不是我们的母语，我们在孩童时，没有办法像老外一样沉浸在一个只讲英语的环境里。我们所有英语词汇的累积都是被动式的，基本上都是在学校或者英语机构里学习的，在这样的条件下，想要让自己累积足够多的英语词汇，难度是非常大的，除非一直坚持着学习英语。想要学好英语，必须要把词汇量积累在足够，词汇对于英语来说就像是地基，地基的每一个单位可以是"砖块"。如果你打地基的"砖块"一块都没有或者很少，永远都不会建造出高楼大厦的。因为在英语学习的过程中，没有词汇量，听力、语法、阅读、写作等都无法适应和运用。

一些考级所需要的理想的词汇量是：CET4需要4000多个，CET6需要6000个左右，雅思、托福、GRE最低也需要650个左右。如果你不是为了拿考试证书，只是为了能和外国朋友熟练地交流，那你只需要记住1800多个常用的英语单词就可以了。如果你每天坚持记忆15个左右的单词，最多1年，你通过CET4易如反掌，也许，你会觉得太理想化了。但事实是，有太多大学生通过训练，过了CET4，很多英语不好的人，是因为词汇量不够，词汇量大多重复次数多，又容易忘。那么记单词到底有哪些困难呢？经过多年实践，我发现记单词主要有以下的几点困难。

1. 枯燥无味

英语不是我们的母语，它们对初学者来说只是没有意义、缺少规律的字符信息，反复学习枯燥无味，找不到学习的乐趣。

2. 方法单一

死记硬背的记忆效果是极差的。

3. 战线太长

单词背了就忘，以至于要不断重复同样的工作，把少量的工作战线拉得太长。

到底有没有一种好的方法能够解决这些问题呢？答案是有的，只要掌握科学的记忆方式，充分发挥左右脑的协调作用，那么一天记住几百个单词是完全没有问题的。

第2节 >>> 记忆单词的四大方法

在记忆英语单词前，首先要建立信心，相信自己已经有了一定的英文基础，并不是完全不懂英语。在原有的基础上，再加上接下来的四种方法，将会让我们更快提升。在这个过程中，不断掌握新的单词，我们记得快而深刻，成就感也会上升。当代著名的心理学家皮亚杰曾说过："所有智力方面的工作都依赖于兴趣。那就让我们把记忆英语单词变成一种兴趣和爱好吧！

一、字母编码法

对单词里面的字母或字母组合进行编码，然后把这些编码和单词的意思进行结合记忆，就叫作字母编码法。字母编码法可以单独使用，也可以结合其他方法运用。在了解方法前，我们首先需要对26个字母进行编码（表8-1）。

表8-1　26个字母编码

字母	编码	依据	字母	编码	依据
A	苹果	Apple首字母	N	坚果	Nut首字母
B	婴儿	Baby首字母	O	橘子	Orange首字母
C	猫	Cat首字母	P	熊猫	Panda首字母
D	狗	Dog首字母	Q	企鹅	拼音首字母
E	鹅	拼音	R	兔子	Rabbit首字母
F	鱼	Fish首字母	S	蛇	蛇的声音"si——"

续表

字母	编码	依据	字母	编码	依据
G	哥哥	拼音首字母	T	雨伞	形似
H	帽子	Hat首字母	U	油	谐音
I	冰块	Ice首字母	V	维维豆奶	谐音
J	吉普车	Jeep首字母	W	文件夹	拼音首字母
K	风筝	Kite首字母	X	xo酒	首字母
L	笼子	拼音首字母	Y	弹弓	形似
M	芒果	拼音首字母	Z	蜘蛛	拼音首字母

下面我们通过字母编码法，来记忆一些实际的例子。

gloom　忧郁

拆解：gloo—9100　m—芒果

联想：我们去果园玩，农民伯伯让我们帮忙摘9100个芒果，顿时感到很忧郁。

boom　繁荣

拆解：boo—600　m—芒果

联想：我们进入这座城市，发现有600家芒果店，好繁荣呀！

log 木头，木材

拆解：lo—10　g—哥哥

联想：她有10个宝贝哥哥都像木头（木讷）一样。

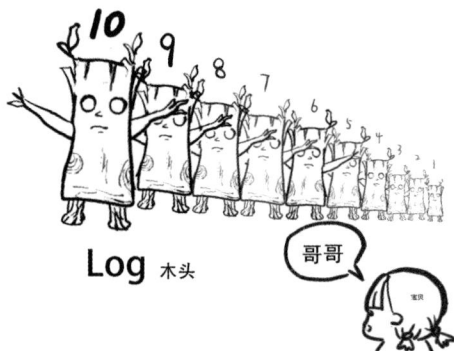

二、熟词分解联想法

很多英语单词是由两个或者两个以上的单词组成的。有些单词直接拆分就可以记住，但是有些单词需要使用联想才可以记住。熟词分解联想法就是把新单词分解成两个或两个以上的熟悉的单词，在这个基础上，通过联想技巧来提高记忆单词的速度和深刻度的方法。

我们先来看几个容易分解的熟悉的单词。

anyway 任何方式

拆解：any 任何　way 方式

weekend　周末

拆解：week 一周　　end 结尾，结束，末端

blackboard　黑板

拆解：black 黑　　board 木板

bedroom　卧室

拆解：bed 床　　room 房间

raincoat　雨衣

拆解：rain 雨　　coat 外套，大衣

sunglasses　太阳眼镜

拆解：sun 太阳　　glass 玻璃，镜子

接下来我们看看，如何通过熟词分解联想法来记住单词。

understand　懂得，理解

拆解：under 下面　　stand 站立

联想：讲台下面站着的那群人都充分理解了老师的意思。

vegetable　蔬菜

拆解：ve—维生素E　　ge—哥哥　　table—桌子

联想：维生素E哥哥拿着桌子下的蔬菜种子准备去种植。

lifeboat 救生船（艇）

拆解：life 生命　boat 船

联想：一条可以救人生命的船开过来了。

watchtower 监视塔，瞭望塔

拆解：watch 看　tower 塔

联想：监视塔就是用来让士兵在高塔里面，看着远方、监视远方的。

fireplace 壁炉

拆解：fire 火　place 地方

联想：家里有一个可以生火的地方叫壁炉。

aeroplane 飞机

拆解：aero 航天的　plane 飞机

联想：航天用的材料制成了飞机。

航天用的材料制成了飞机

spaceship 宇宙飞船

拆解：space 空间　ship 船

联想：宇宙的空间里出现了一条会飞的船，大家都喊它："宇宙飞船"。

三、拼音法

拼音法是我最喜欢用的方法，用这种方法记忆单词的拼写特别容易，而且记忆深刻。具体来说，我们可以把单词里的字母或者字母组合转化成拼音。

chicken 鸡肉

拆解：chi—吃　c—猫　ken—啃

联想：小猫拿着鸡肉左吃右啃。

chance 机会

拆解：chan—铲　ce—厕

联想：今天犯错误了，被罚铲厕所。

danger 危险

拆解：dang—铃铛　er—儿

联想：铃铛一响，儿子有危险。

guide 向导

拆解：gui—贵　de—的

联想：这个向导收费是很贵的。

palace 王宫；宫殿；

拆解：pa—怕　la—落　ce—厕

联想：每一次去王宫就怕落在厕所，那里有很恐怖的事情。

change 改变

拆解：chang—嫦　e—娥

联想：嫦娥改变了对猪八戒的看法。

sense 感觉到；意识到

拆解：sen—森　se—色

联想：她感觉到森林里有一个彩色异形要冲出来。

schedule 时间表，计划表

拆解：s—美女　che—车　du—堵　le—了

联想：美女车堵了，错过自己时间表上的行程。

chaos　混乱

拆解：chao—吵　s—死

联想：深夜，隔壁的年轻人聚众混乱唱歌喧闹，吵死了。

深夜，隔壁的年轻人聚众混乱唱歌喧闹，吵死了。

groom　新郎

拆解：g—哥哥　room—房间

联想：哥哥当上了新郎，正在房间里打扮自己呢。

哥哥当上了新郎，正在房间打扮自己呢。

　　刚开始使用拼音法来拆解单词记忆的时候，许多人会觉得无从下手。这是因为缺少练习，而且图像能力训练得不够。下面，我帮大家做了一些字母组合的参考，大家可以参考，也可以往里面增加编码，构建自己的常编码组合表。

常用编码组合参考

字母组合	编码	字母组合	编码	字母组合	编码
st	石头	xo	酒	imi	蛋糕
ili	吊灯（外形）	gr	工人	im	一毛
mb	面包	ee	眼睛	ive	夏威夷
ab	阿爸	er	儿，耳	jo	机灵
ac	一次，米兰	ef	衣服	je	姐
ad	阿弟，广告	eh	遗憾	kn	困难
adu	阿杜	el	饮料	lib	李白
al	阿郎	em	姨妈	lf	雷锋
ali	阿里	ep	硬盘	lm	流氓
ar	矮人	ev	一胃	ly	老鹰
ary	一人妖	ex	易错	lay	腊月
ard	卡片	et	外星人	mini	迷你宝马
au	遨游	ew	遗忘	mt	模特
aw	一碗	ey	鳄鱼	mir	迷人
adv	一大碗	equ	艺曲	mul	木楼
ance	一册	ence	摁车	mn	魔女
bl	玻璃	ele	大象	mo	魔
br	病人	ea	茶	ment	门徒
by	表演	est	最	nt	难题
ble	伯乐	ent	疑难题	ne	呢
ch	彩虹，吃	fl	俘房	nu	努力
ck	刺客	fr	夫人	oa	圆帽
cl	成龙	fe	翻译	oo	眼镜
co	可乐	fi	父爱，飞	or	或

续表

字母组合	编码	字母组合	编码	字母组合	编码
cir	词人	gl	公路	ou	藕
cy	抽烟	gy	关羽	op	藕片
com	电脑	ap	苹果	con	虫，葱
cr	超人	gue	故意	tw	台湾
cu	醋	hy	花园	ot	呕吐
dr	敌人	ho	猴	of	零分
dy	地狱	hu	湖	olo	火箭
pa	怕	ic	IC卡	ow	灯泡
ph	电话	se	色，蛇	ob	氧吧
pl	漂亮	sw	丝袜	tl	铁路
pr	仆人	sp	水瓶	tele	电
pe	赔	sm	寺庙	ture	土人
pro	泡肉	sk	水库	tain	太难
pu	扑	sus	宿舍	ur	友人
ry	日语	sist	姐姐	um	油猫
re	热	sion	绳	ut	油条
sh	上海	th	天河，弹簧	ue	友谊
sl	司令	tion	迅龙	udy	邮递员
squ	身躯	tr	树	vo	声音
st	石头	ty	太阳	wh	武汉
var	蛙人	duce	堵车	was	瓦斯
cive	师傅	dent	灯塔	wo	我

四、谐音法

当我们学习了前面的3种方法：字母编码法、熟词分解联想法和拼音法之后，90%以上的单词都可以轻松记住了，剩下的单词可以使用谐音法来记忆读音，然后结合联想把单词的意思记住。

我们来看一些用谐音来记单词的例子。

blond 金发的

谐音：波浪的

联想：有着一头大波浪的金发美女出现在我面前。

admire 羡慕

谐音：额的妈呀（我的妈呀）

联想：有一个人总喜欢羡慕别人，口头禅是："额的妈呀，好牛！"

ambulance　救护车

谐音：俺不能死

联想：俺不能死，所以要叫救护车救自己。

俺不能死，所以要
叫救护车救自己。

pest　害虫

谐音：拍死它

联想：看到了一只害虫，拍死它。

看到了一只害虫，拍死它。

agony　痛苦

谐音：爱过你

联想：爱过你，离开你让我很痛苦。

爱过你，离开你让我很痛苦。

curse 诅咒；

谐音：克死

联想：被诅咒后的女人克死了丈夫，成了寡妇。

被诅咒后的女人克死了丈夫，成了寡妇。

ditch 沟渠

谐音：地气

联想：地下的沟渠里冒出了地气，非常臭。

地下的沟渠里冒出了地气，非常臭。

quaff 一口气喝干，大口地喝

谐音：夸父（神话故事里的人物）

联想：夸父追日后，累得一口气喝干了一大桶水。

夸父追日后，
累得一口气喝干了一大桶水。

ballet 芭蕾舞剧

谐音：芭蕾台

联想：在芭蕾台上表演生动的芭蕾舞剧。

在芭蕾舞台上表演生动的芭蕾舞剧。

conquer 征服

谐音：坎坷

联想：经历了无数的坎坷，古罗马帝国终于征服了敌人！

经历了无数的坎坷，古罗马帝国终于征服了敌人！

我们在使用谐音记忆单词的时候，要确保能够根据谐音拼出单词，而这就有点依靠大家本身的发音基础了，所以刚开始不用强求自己掌握谐音，在平时运用的过程中逐渐去适应单词的读音和拼写即可。

到此，大家应该大致了解了英语单词的四种背诵方法。通过练习，相信大家的单词记忆速度都有所提升。记忆单词，一次量不用太多，重在持之以恒，不断积累。接下来，我们通过记忆健身房来练习一下这四种单词的记忆方法吧。

记忆健身房

训练一（简单★）：用字母编码法记忆下面的单词。

loop 线圈

拆解：loo—100 p—熊猫

联想：_____

zoo 动物园

拆解：z—蜘蛛 oo—眼镜或者两个鸡蛋

联想：_____

记忆健身房

goose 鹅

拆解：g—哥哥 oo—眼镜 se—色（颜色）

联想：＿＿＿＿＿＿＿＿＿＿＿＿＿＿＿＿＿＿＿＿＿＿＿＿

训练二（普通★★）：用熟词分解联想法记忆下面的单词。

manage 管理

拆解：＿＿＿＿＿＿＿＿＿＿＿＿＿＿＿＿＿＿＿＿＿＿＿＿

联想：＿＿＿＿＿＿＿＿＿＿＿＿＿＿＿＿＿＿＿＿＿＿＿＿

almost 几乎，差不多

拆解：＿＿＿＿＿＿＿＿＿＿＿＿＿＿＿＿＿＿＿＿＿＿＿＿

联想：＿＿＿＿＿＿＿＿＿＿＿＿＿＿＿＿＿＿＿＿＿＿＿＿

playground （学校的）操场

拆解：＿＿＿＿＿＿＿＿＿＿＿＿＿＿＿＿＿＿＿＿＿＿＿＿

联想：＿＿＿＿＿＿＿＿＿＿＿＿＿＿＿＿＿＿＿＿＿＿＿＿

history 历史（学）

拆解：＿＿＿＿＿＿＿＿＿＿＿＿＿＿＿＿＿＿＿＿＿＿＿＿

联想：＿＿＿＿＿＿＿＿＿＿＿＿＿＿＿＿＿＿＿＿＿＿＿＿

sunday 星期日

拆解：＿＿＿＿＿＿＿＿＿＿＿＿＿＿＿＿＿＿＿＿＿＿＿＿

联想：＿＿＿＿＿＿＿＿＿＿＿＿＿＿＿＿＿＿＿＿＿＿＿＿

downstairs （在）楼下，（往）楼下

拆解：＿＿＿＿＿＿＿＿＿＿＿＿＿＿＿＿＿＿＿＿＿＿＿＿

联想：＿＿＿＿＿＿＿＿＿＿＿＿＿＿＿＿＿＿＿＿＿＿＿＿

记忆健身房

训练三（普通★★）：用拼音法记忆下面的单词。

island 岛，岛状物

拆解：＿＿＿＿＿＿＿＿＿＿＿＿＿＿＿＿＿＿＿＿＿

联想：＿＿＿＿＿＿＿＿＿＿＿＿＿＿＿＿＿＿＿＿＿

farther（far的比较级）较远，更远

拆解：＿＿＿＿＿＿＿＿＿＿＿＿＿＿＿＿＿＿＿＿＿

联想：＿＿＿＿＿＿＿＿＿＿＿＿＿＿＿＿＿＿＿＿＿

active 积极的

拆解：＿＿＿＿＿＿＿＿＿＿＿＿＿＿＿＿＿＿＿＿＿

联想：＿＿＿＿＿＿＿＿＿＿＿＿＿＿＿＿＿＿＿＿＿

genius 天才

拆解：＿＿＿＿＿＿＿＿＿＿＿＿＿＿＿＿＿＿＿＿＿

联想：＿＿＿＿＿＿＿＿＿＿＿＿＿＿＿＿＿＿＿＿＿

cheque 支票

拆解：＿＿＿＿＿＿＿＿＿＿＿＿＿＿＿＿＿＿＿＿＿

联想：＿＿＿＿＿＿＿＿＿＿＿＿＿＿＿＿＿＿＿＿＿

fence 栅栏

拆解：＿＿＿＿＿＿＿＿＿＿＿＿＿＿＿＿＿＿＿＿＿

联想：＿＿＿＿＿＿＿＿＿＿＿＿＿＿＿＿＿＿＿＿＿

China 中国

拆解：＿＿＿＿＿＿＿＿＿＿＿＿＿＿＿＿＿＿＿＿＿

联想：＿＿＿＿＿＿＿＿＿＿＿＿＿＿＿＿＿＿＿＿＿

记忆健身房

bandage 绷带

拆解：_____

联想：_____

panda 大熊猫

拆解：_____

联想：_____

language （广义）语言

拆解：_____

联想：_____

wangle 骗取

拆解：_____

联想：_____

wonderful 极好的，精彩的

拆解：_____

联想：_____

训练四（普通★★）：用谐音法记忆下面的单词。

ambition 野心

参考谐音：俺必胜

联想：_____

ponderous 笨重的

参考谐音：胖得要死

联想：_____

记忆健身房

pupil 学生

参考谐音：皮又跑

联想：＿＿＿＿＿＿＿＿＿＿＿＿＿＿＿＿

global 全球的

参考谐音：哥搂抱

联想：＿＿＿＿＿＿＿＿＿＿＿＿＿＿＿＿

bruise 青瘀，擦伤，挫伤

参考谐音：不如死

联想：＿＿＿＿＿＿＿＿＿＿＿＿＿＿＿＿

depart 离开

参考谐音：帝怕他

联想：＿＿＿＿＿＿＿＿＿＿＿＿＿＿＿＿

master 大师

参考谐音：骂死他

联想：＿＿＿＿＿＿＿＿＿＿＿＿＿＿＿＿

special 明确的

参考谐音：是白烧

联想：＿＿＿＿＿＿＿＿＿＿＿＿＿＿＿＿

spider 蜘蛛

参考谐音：失败的

联想：＿＿＿＿＿＿＿＿＿＿＿＿＿＿＿＿

记忆健身房

perhaps 也许，可能

参考谐音：婆害怕丝

联想：_____

revolution 革命

参考谐音：来哇陆训（陆地训练）

联想：_____

第3节 >>> 单词记忆综合运用训练

学习英语，单词是基础。在此基础上，单词组成了很多的固定搭配和短语，又进一步组成了句子和短文。那么，这些内容要如何记忆呢？接下来，我就来详细介绍。

一、固定搭配的记忆

在记忆固定搭配前，我们要先掌握固定搭配里面的单词，通过例句掌握用法，再根据遗忘定律进行复习。一定要通过一些例子多练习，才能掌握得更快。

提示：介词to，in，at，on 经常会在固定搭配中出现，为了区分它们，除了可以借助其本身的意思，还可以提前编码，例如：

to 兔　in 鹰　at @（邮箱）　on 橘子

下面，我们来通过一些实际案例学习固定搭配的记忆方法，例句帮助大家理解，最好能自如表达或背诵。

ask sb. to do sth. 请（叫）某人做某事

拆分：ask 问　sb. 某人　to do 去做　sth. 某事

组合联想：问某人，让他去做某事（简单的短语可以直接按照字面翻译记忆）。

例句：I ask Tom to do his homework. 我让汤姆去做作业。

call on sb. 拜访某人

拆分：call 喊，叫　on 在……上　sb. 某人

组合联想：我们拜访某人的时候，他在楼上喊"某人"。

例句：A certain person called on you yesterday. 昨天有个人来拜访过你。

dry up 烘干

拆分：dry 干　up 向上

组合联想：烘干的步骤，一面干了后向上翻过来，再烘！

例句：The small brook nearly dried up. 这条小河沟几乎干涸了。

keep in good mood 保持好心情

拆分：keep 保持　in 鹰（替代）　good 好的　mood 心情

组合联想：为了保持鹰的好心情，每天让它吃香的、喝辣的。

例句：You need to keep in a good mood. 你得保持好心情。

lose touch with... 与……失去联系

拆分：lose 丢失（失去）　touch 触摸　with 与……

组合联想：与家人失去联系后，可以触摸报警器与警察沟通。

例句：I have lost touch with all my old friends. 我和所有的老朋友都失去了联系。

make a survey of 调查……

拆分：make 做　a 一个　survey 调查　of ……的

组合联想：做一个重要调查的警察来了。

例句：They made a survey of the most popular television programs. 他们对最受欢迎的电视节目做了一次调查。

have an advantage over 胜过

拆分：have 有　an 一个　advantage 优势　over 结束

组合联想：有一个有优势的选手提前结束了比赛，胜过了另一个选手，太突出了。

例句：A man who can think will always have an advantage over others. 能动脑子的人总是会胜过别人。

speak highly of 称颂

拆分：speak 说　highly 非常，极度　of ……的

组合联想：说极度赞扬的话来称颂逝去的伟人！

例句：The teacher speaks highly of his performance. 老师对他的表演高度赞赏。

take a walk 散步

拆分：take 带　a苹果（字母编码）　walk 走路

组合联想：带个苹果走路，这种散步感觉很好。

例句：Would you like to take a walk with me? 你愿意和我一起散步吗？

use up 用尽

拆分：use 用　up 向上

组合联想：用水用尽后，记得向上拧，关闭水龙头。

例句：I am going to use up all of the ink. 我要把所有的墨水都用完。

take in 吸取，吸收

拆分：take 带　in 鹰

组合联想：带着鹰用吸管吸水。

例句：This plot does not take in water. 这块地不吸水。

win a prize 获奖

拆分：win 赢　a 一个　prize 奖品

组合联想：赢了之后获奖，得到一个奖品。

例句：I win a prize. 我得了奖。

二、英语文章背诵

我们为什么要背诵英语文章呢？我们来看看背诵英语文章给我们带来的好处。

提高语感，增强英语的口语表达能力

朗读背诵是培养学生语感的基本方法，也是提高听说能力的前提。只有多读、多背，才能更好地理解句子或文章的意思。而由于我们缺乏英语语言的环境，练习口语的条件受到一定的限制，这就需要我们多背诵一些英语文章。因此在平时学习中，应该要非常重视朗诵这一环节。学习英语要多读多背，注意语音、语调、停顿，读出英语的韵味和美感来。一种语言有一种语言的精神，而传达这种精神的是音调，语感只能从音调中体现出来。因此平时多读、多听、多背、多练，对英语学习会起到潜移默化的作用。随着练习，口语也会越来越流利。

加深对英语单词的记忆

通过反复朗诵和背诵，可以让记忆变得更加深刻。背诵了文章，自然也就背诵了单词，也更能理解单词在句子中的应用方式。

有积累，有输出

背诵可以内化语言知识，增强语感。所背诵的内容中会有很多优美的句子、段落。这些内容进入大脑后会内化成自己的语言体系，当你和别人用英语交流或者写文章的时候，就可以轻而易举地使用出来。

加拿大语言学家 Bialy Stok 将外语学习者的语言知识分为显性知识和隐

性知识两种。显性知识包括语音、词汇、句式、语法等知识，这些知识存在于学习者的意识层中，可以被清晰地表达出来。隐性知识指那些内化了的语言知识，它们存在于学习者的潜意识层中。学习者并不一定能意识到这些知识的存在，但能不假思索地使用它们，这就是我们常说的"语感"。

背诵还可以帮助我们减少汉语干扰，提升写作水平。由于英汉两种语言分属不同语系，存在较大差异，再加上很多人的英语输入不足，导致他们在写作时难以摆脱汉语影响。

相当一部分人在写英语文章时先用汉语构思，再将所构思的内容逐句翻译成英语，有些甚至生搬硬套汉语的句型和语法规则，这样写出来的文章带有很明显的中式英语痕迹，常常让读者感到一头雾水。

可见，背诵英语文章对于我们学习英语有着非常大的帮助。那么，究竟应该如何背诵英语文章呢？

背诵英语文章的基本步骤：

1. 扫除新单词障碍。

2. 听原文录音。

3. 熟读、理解文章意思，增强语感。

4. 使用方法记住中文意思，根据中文回忆原文。

5. 对照原文调整。

6. 复习，巩固。

这里我们介绍两种记忆英语文章的方法：一种是身体定桩法，另一种是语境情景法。

身体定桩法的具体操作方法我们已经在第六章中学习过了。如果你忘记了，可以翻回去再看一下。在背诵英文文章的时候，我们可以一个桩子上放一句话，并想象话语内容与桩子发生了一定的联系。当你的技巧熟练度足够高的时候，你可以在一个桩子上放2句、3句，但一定要确保记忆的准确性。

语境情景法与我们在第七章学习的情境法类似。在背诵文言文时，我们先理解文章意思，想象自己作为诗人（作者），亲身经历诗词（文章）所描绘的场景、故事，从而在想象的画面中把文言文背下来。在背诵英文文章时，我们同样要先理解文章的意思，可以先把英文翻译成中文，然后一边朗读英文原文，一边想象文章描述的场景，从而在想象的情境中把文章背下来。

接下来我们通过记忆健身房来锻炼一下吧！

记忆健身房

训练一（一般★★）：用学过的方法记忆下面的固定搭配。

talk about 谈论

参考拆分：talk 谈话　　about 关于

组合联想：＿＿＿＿＿＿＿＿＿＿＿＿＿＿＿＿＿＿＿

warn sb. against (doing) sth. 告诫某人当心某事

参考拆分：warn 警告　　against 反对　　sth. 某事

组合联想：＿＿＿＿＿＿＿＿＿＿＿＿＿＿＿＿＿＿＿

make preparation for 为……做准备

参考拆分：make 做　　preparation 准备　　for 为了

组合联想：＿＿＿＿＿＿＿＿＿＿＿＿＿＿＿＿＿＿＿

prevent sb. (from) doing sth 阻止某人做某事

参考拆分：prevent 阻止　　sb 某人　　doing 做　　sth. 某事

组合联想：＿＿＿＿＿＿＿＿＿＿＿＿＿＿＿＿＿＿＿

记忆健身房

succeed in doing sth. 成功地做某事

参考拆分：succeed 成功　in 鹰（替代）　doing 做　sth 某事

组合联想：_____

play a role of 扮演……的角色

拆分：_____

组合联想：_____

make a living 谋生

拆分：_____

组合联想：_____

run over to... 跑过去到……

拆分：_____

组合联想：_____

set an example for... 为……树立榜样

拆分：_____

组合联想：_____

think up 想出

拆分：_____

组合联想：_____

训练二（难★★★★）：用语境情景法记忆英语文章。

The wind and the sun

One day the wind said to the sun, "Look at that man walking along the road. I can get his cloak off more quickly than you can. "

记忆健身房

"We will see about that. " said the sun. "I will let you try first. "

So the wind tried to make the man take off his cloak. He blew and blew, but the man only pulled his cloak more closely around himself.

"I give up. " said the wind at last. "I cannot get his cloak off. "

Then the sun tried. He shone as hard as he could. The man soon became hot and took off his cloak.

译文：有一天风跟太阳说："看看那个沿着路上走的人。我可以比你更快地让他把披风脱下来。"

"拭目以待吧。"太阳说，"我让你先试。"

于是风试着让那个人把披风脱下来。他用力地吹，可是那个人把披风裹得更紧了。

"我放弃了。"风最后说，"我无法让他把披风脱下来。"

然后由太阳试试看。他尽可能地发出热量。不久，那个人热得把披风脱下来了。

本章总结

一、你为什么很难记单词

枯燥，战线长，乏味，方法单一。

二、记忆单词的四大方法

字母编码法、熟词分解联想法、拼音法、谐音法。

三、单词记忆综合运用训练

单词在固定搭配、句子中都非常重要。在单词的基础上，记忆固定搭配，通过训练，可以增强对单词的记忆。记忆文章也可以巩固对单词的记忆，加深印象，更提升了口语能力和语感。多背诵，可以提高英语的整体能力。

第九章

神奇的"记忆宫殿"

第1节 >>> 记忆宫殿的起源

广受观众喜爱的英剧《神探夏洛克》，想必大家应该看过。夏洛克过人的记忆力与超强的分析力令人折服。剧中的夏洛克的脑袋里有个记忆宫殿，这个记忆宫殿里存储了很多知识，就像是超级数据库。这数据库究竟有多大？据说它装下全世界所有图书馆的藏书内容。

看过此剧的朋友们有没有想过什么是记忆宫殿？记忆宫殿的由来是什么？带着这些疑问我们一起去探索一下。

记忆宫殿来自西方，可上溯至古罗马时期，一些令人难以置信的记忆绝活也可归因于它。由西摩·尼得斯发明，至今约2500年历史。西方世界很多名人都会使用记忆宫殿，如西塞罗、培根、昆体良、卢利、利玛窦、布鲁诺、薄塔、莱布尼茨、毕挪斯基、桑布鲁克、马克·吐温、卡耐基、福斯特、习格比，这里面有一部分人我们很熟悉，但是他们会记忆宫殿的事却没多少人知道，将这种方法隐藏起来度过一生的名人则更多。

在古希腊罗马时代，教学生修辞学的老师要先教会他们如何记忆信息。因为那个时候没有纸张，凡事都要记在脑子里才行。如今纸张到处都是，你只需要花20块钱左右就能买到500张A4白纸来记录信息，而古希腊人要花大量金钱才能买到一张普通的羊皮纸记录信息。因此对他们来说，用羊皮卷记录知识就是奢侈，更多的是想办法学会记忆术去记住知识。正因如此，记忆宫殿才诞生了。

至于宫殿记忆法是如何传入中国的，则无从考证。有一种说法是一位来自意大利的传教士叫利玛窦，明朝时期，他从西方来到东方，在传教的过程中将当时西方流行的记忆法带到了中国。大家只当趣谈，不必深究。

第2节 >>> 记忆宫殿的原理

大多数记忆术的核心方法，就是把将要进入记忆的那些枯燥的信息，转化为富有色彩和超级有趣的信息，而且转化后的信息要和你以前见过的所有事物有很大的不同，为了帮助记忆，想象的东西越夸张越好，转化之后你就再也忘不掉了。简而言之，在记忆中用自己的法则在深层和浅层之间，建立一条可推导的线索，即形成了自己的记忆，这是记忆宫殿的基础。

我们的视觉有内、外两种，外视觉是通过我们肉眼可以看到的真实世界，而内视觉是通过想象在脑海中看到的虚拟画面。记忆宫殿的记忆原理是利用人类的内视觉记忆。因为我们的右脑掌管图像记忆，所以合理开发右脑图像功能，便能帮助我们形成高效记忆。

用记忆宫殿记忆的过程中，会把长篇的材料处理成小块进行记忆，这样既减轻了记忆负载量又便于回忆，以免因材料过长使记忆产生混乱。利用熟悉的场景记忆复杂事物，就是在脑海中构建一个自己熟悉的空间，里面布局越详细越好，空间感立体感越清晰越好，然后把自己想储存的记忆以某种形式（如图像）存放在里面。这样每次想要提取什么记忆的时候，重走那条路，到相应的位置，便会激起相应的回忆。

任何想要记住的东西都可以挂在任何提前设置好的节点位置上。有充足的心像能力训练之后，很轻易就能将记忆的内容以图像的形式挂在节点上。要注意的是挂的时候，一定要尽量夸张，古怪，因为大脑非常容易记住夸张离奇古怪的东西，而难以记住平平无奇的东西。比如在路上见到一个哭泣的女人，和一个瘸脚哭泣求同情的人，当然是哭脸的瘸脚人更令人印象深刻。图像挂位置上有一定要求，有故事情节，有一定的相关性。如果事情不合理，那么节点位置与物件之类关联不大，就较难记忆。

用这个方法，可以非常轻易地在短时间内记住几十个甚至上百个完全不关联的物件，而且能够保证顺序正确。有充足的练习之后，就可以筑构一个非常大的，只属于自己的记忆宫殿。想要记一些长的段落和文章，从段落中提炼出2～3个字的重点词语，一个段落只需要记忆这几个关键字词，将这些关键字词转化成图像存储到记忆宫殿的每个位置节点上，然后把意思还原，就可以了。

虽然被称为记忆宫殿，但并不意味着这样的记忆场所必须像个宫殿，甚至也不需要是一座建筑物。它可以是一个村庄上的一条路线，也可以是一座火车站，或者是十二生肖，甚至可以是传说中的人物。只要你对它们足够熟悉，而且是井然有序的，可以让你把一个地点与邻近的一个地点联系起来，都可以被称为记忆宫殿。

第3节 >>> 记忆宫殿的建立

当我们学会了记忆术，却没有自己的记忆宫殿，就相当于练了各种功夫，却没能力将它们融合，也无法有新的突破。记忆宫殿很像图书馆。相信每个人都去过图书馆，图书馆里的书都是分门别类地摆放的，你要想找某一本书就要根据它的类别，先找到它所在的区域，再看它在哪个书架上，最后根据索引号码快速找到它。

大脑里的知识也是一样，如果你没有按照一定的规律储存它们，当你想要提取的时候，就会非常难，回忆没有任何线索可言。

有时候，有些知识学过了，但是用的时候却想不起来，就是因为没有回忆的线索。如果我们能够事先把这些知识分门别类地存进大脑，回忆的时候就容易多了。就像分类存放图书一样，记忆宫殿就是做这样的事情。

构建自己的记忆宫殿就相当于构建定位系统，主要是地点定位系统。具体来说，你需要预先准备好许多的地点，然后把要记忆的信息挂在这些地点上。等到需要提取信息的时候，先提取出地点，就能自然地想起挂在地点上的记忆内容。

一、实体记忆宫殿

接下来，我们来了解一下打造实体记忆宫殿需要注意些什么。

寻找现实记忆宫殿地点桩的原则：

1. 简洁（地点桩尽可能图像简单、简洁）。

2. 独特（地点桩尽可能有独特的地方）。

3. 距离（保证两个地点桩之间的距离适中，适合思维跳跃到下一个地点）。

4. 宽敞（房间尽可能宽敞，不要太拥挤）。

5. 光线（光线适中，不明不暗）。

6. 顺序（保持顺时针或者逆时针的顺序来选择地点）。

7. 色彩（尽可能保持地点的色彩多样化，因为我们的大脑喜欢色彩）。

8. 熟悉（越熟悉地点信息，用它来记忆新信息的效果越好。反复使用记忆宫殿也是熟悉地点的好方法。同一套地点如果复习次数高，几天内不要重复使用，因为前后挂上去的图片会互相干扰。等到安置在桩子上的图像成为长期记忆后再使用）。

地点桩的质量决定了记忆的牢固程度，所以不可以随便寻找地点。同个房间尽量不要寻找相似的物件。不同房间里的物品地点非常相似的话，可以在地点上另外加工，把它们加工成有显著特征差异的地点。比如，椅子相同，往上面放不同物品区分，角落相同，可以增添物品，或者想象不同特征上去。

现实宫殿一般是现实中去过的地点或者常去的地方，例如，办公室、篮球场、家、学校、露营地、餐厅、网吧、电影院、河边、游乐场、快餐店、大街上的各种建筑物等。我把这些地点用笔记录下来，拍照保存，不是特别常去的也可以录像，每十个分为一组。

怎么寻找实体宫殿呢？我们先确定一个大的区域，再在这个大区域中寻找一些小区域，这些小区域是要有顺序的，再在这些小区域里各选取十个地点，这十个地点就算是我实体宫殿里的一组地点。

在上图的实体宫殿中的十个地点分别是：

1. 地毯　　　2. 小圆桌　　3. 沙发枕　　4. 花盆　　　5. 玻璃门

6. 吧台　　　7. 角落沙发　8. 窗户　　　9. 沙发中间　10. 棕色椅子

实体记忆宫殿最好是自己相对熟悉的，找到十个地点之后，熟悉下经过的路线，自己和点之间的距离保持1米左右。现在我们熟悉下这个实体宫殿，然后利用它来记忆一些随机词语。

提示：一个地点桩可以放两个词语甚至更多。

练习1：随机词语（20个）

1. 带领	2. 风格	3. 游泳	4. 结合	5. 你中有我
6. 地球村	7. 至今	8. 梦之队	9. 跻身	10. 忧患
11. 独孤求败	12. 称霸	13. 剑客	14. 碰壁	15. 除非
16. 包揽	17. 魅力	18. 逐渐	19. 牛	20. 潮水

记忆参考：

1. 地毯—带领（反过来，领带），风格

地毯上一条红色领带很有风格。

注意：领带可以和地毯稍微挂钩，或者单纯放着。

2. 小圆桌—游泳，结合（谐音肺结核）

小圆桌上有一个小玩具人在小游泳池得了肺结核（结合）。

3. 沙发枕—你中有我，地球村

沙发枕里的棉花，你中有我，我中有你地挨得很近，来自地球村。

4. 花盆—至今（谐音纸巾），梦之队（美国的明星篮球队）

花盆里出现了一条白色纸巾缠住了梦之队里的人。

5. 玻璃门—跻身（谐音鸡身），忧患

玻璃门上有一个鸡身，鸡流下了眼泪，似乎在为自己被杀忧患。

6. 吧台—独孤求败，称霸

吧台上出现了独孤求败，他正在练一种剑法，练好后就能称霸武林。

7. 角落沙发—剑客，碰壁

剑客在角落沙发上蒙眼练剑，一不小心碰壁了。

8. 窗户—除非（谐音雏飞），包揽

窗户上一只小雏鸟飞起来，包揽了抓捕蚊子的工作。

9. 沙发中间—魅力，逐渐（谐音竹简）

沙发中间坐着一位有魅力的美女，拿着竹简，正在阅读。

10. 棕色椅子—牛，潮水

棕色椅子上有头牛，居然能用嘴吸潮水。

记忆宫殿的地点桩除了可以记忆文字类数据，也可以记忆数据类，我们通过数字来练习一下。

练习2：随机数字（40个）

| 8564 | 6543 | 6789 | 1545 | 8751 |
| 9657 | 4875 | 5745 | 3694 | 5748 |

我们先要将数字转化成编码。

8564—白虎，流石　　　　6543—锣鼓，石山　　　　6789—油漆，芭蕉

1545—鹦鹉，师傅　　　　8751—白旗，扫把　　　　9657—酒楼，武器

4875—石板，西服　　　　5745—武器，师傅　　　　3694—山鹿，教师

5748—武器，石板

记忆参考：

1. 地毯上的白虎踩着流石。

2. 小圆桌上锣鼓压着石山。

3. 用油漆给沙发枕上的芭蕉涂彩色。

4. 花盆上的鹦鹉学会了说话，喊着："师傅！"

5. 玻璃门挂着一面白旗，旗杆被做成了扫把的柄。

6. 吧台上有一个玩具酒楼，这袖珍酒楼里居然还放了很多武器。

7. 角落沙发上有石板，石板压着一件新西服。

8. 窗户上有一杀伤性武器正对着师傅呢！

9. 沙发中间有一只山鹿，坐姿很像一位教师。

10. 棕色椅子上一把武器压在了一块石板上。

我们在地点桩上记忆数字的时候，可以多加一些想象，我这里加的还不算多，只是相当于把两个图像放上去，像感觉加上去的话，效果会更好。

二、虚拟记忆宫殿

实体记忆宫殿感觉好，容易记忆，优势有很多，但是也有缺点——寻找实体地点作为记忆宫殿需要大量的时间，有时候还需要加工，相对复杂。所以我在教学以及平时记忆一些知识时都会使用虚拟宫殿。记忆宫殿里的地点桩一般分为：现实中的实际地点；虚拟的地点；半实半虚的地点。

我的虚拟宫殿由500个虚拟房间构成，每个房间10个地点。一共5000个虚拟地点桩。这么大的虚拟记忆宫殿有什么用呢？根据记忆宫殿的原理：一个人的记忆宫殿越大，他能快速记忆的信息量也就越大。就像计算机用硬盘存储信息，硬盘越大，能存储的信息就越多。大型的记忆宫殿需要花非常多的时间来维护，每个人都可以按自己的需要来构建记忆宫殿。记忆宫殿并不是越大越好，只要适合就好。

制作虚拟宫殿的图片的5个渠道：虚拟实景图、3D游戏内的场景、3D室内设计图、卡通动漫场景、电影场景。

好，接下来我们来找上图这个虚拟宫殿中的十个地点。

1. 地板　　2. 白色圆桌　　3. 白色皮凳　　4. 木板桌子　　5. 木椅

6. 消毒柜　7. 茶杯　　　　8. 调味料　　　9. 斜纹门　　　10. 角落木椅

来做2个练习。

练习1：随机数字（40个）

4587	6871	2487	6874	5784
1698	3587	3648	2563	7845

我们先要将数字转化成编码，如果熟悉的话，这一步在大脑里面进行就行。

4587——师傅，白旗　　6871——喇叭，鸡翼　　2487——鹅卵石，白旗

6874——喇叭，骑士　　5784——武器，巴士　　1698——窑炉，球拍

3587——珊瑚，白旗　　3648——山鹿，石板　　2563——二胡，流沙

7845——气泵，师傅

记忆参考：

1. 师傅站在地板上举着白旗，摇来摇去，似乎要投降。

2. 白色圆桌上喇叭发出巨大的声音并且从里面掉出来一块鸡翼，好奇怪。

3. 很多鹅卵石撒到了插在白色皮凳上的白旗上。

4. 木板桌子上喇叭一吹，很多骑士跑了过来。

5. 很多武器插到了停在木椅上的巴士车上。

6. 消毒柜被制成了小型窑炉，里面正在烧制一把陶瓷球拍。

7. 茶杯里长出了一块珊瑚，珊瑚缠住了白旗。

8. 调味料撒到了山鹿身上，山鹿生气地狂踩石板。

9. 二胡在斜纹门上拉，从里面洒出很多流沙。

10. 角落木椅上放着一台气泵，从里面吹出了师傅。

我们还可以使用句子来熟悉一下虚拟宫殿地点桩。

练习2：正确教育孩子的十个方法

1. 父母应注意行为举止。

2. 与孩子约法三章。

3. 多了解孩子。

4. 爱玩是孩子的天性。

5. 不要去相互比较。

6. 培养孩子的自理能力。

7. 耐心倾听。

8. 修正对孩子的期望。

9. 给孩子建立良好的自我价值观。

10. 培养孩子承受挫折和不幸的能力。

记忆参考：

1. 父母站在地板上，正在练习自己的行为举止。

2. 白色圆桌上，孩子正在抄写和父母约定的法则三章。

3. 了解到孩子非常喜欢白色皮凳。

4. 木板桌子上，小孩子正在玩玩具。

5. 木椅上，有两个小孩，正在比较谁的成绩好。

6. 孩子正在把洗干净的碗放进消毒柜，看来小朋友的自理能力非常好。

7. 家长用茶杯泡了茶，给小朋友讲故事，小朋友竖起耳朵耐心听讲。

8. 母亲正在教孩子如何用调味料，一错就打孩子，期望值有些高。

9. 斜纹门上挂着家长给孩子写的价值观。

10. 家长让孩子在角落木椅上练写字，孩子的耐力得到了锻炼。

不管是用虚拟记忆宫殿的地点桩还是用实体记忆宫殿的地点桩，都要在上面加一些想象，有时候很难用文字形容，我们在大脑中尽量多加一些感觉进去，越丰富多彩，大脑越容易记住。

三、随机记忆宫殿

现实中我们去过的任何地方，都可以作为场景宫殿存储到我们大脑中。电视剧里的场景、电影角色等，生活里的万事万物其实都可以转化为随机记忆宫殿。

当你想记住什么信息，只需要将记忆的信息转化为图像，储存于脑海中的熟悉场所里就可以帮助你记忆。

随机宫殿也可以是随机的名词、熟语、诗歌、人名、人物等。还有一种就是从句子中产生的场景，运用得多了就会变成自己的场景。

我们这里以句子中产生联结的随机场景作为例子来看一下场景的提取及运用。

练习：五件虚拟事件

1. 外星人带着高科技武器来到地球。

2. 明星取消电影节。

3. 小岛被海水淹没。

4. 进口水果产生了寄生虫。

5. 猩猩在城市里定居。

场景提取参考：

1. 外星人带着高科技武器来到地球。

场景：可以利用电影里看到的飞碟抵达地球的场景。

2. 明星取消电影节。

场景：很多明星走红地毯，走完代表结束（有看过走红毯的脑海中都会有画面）。

3. 小岛被海水淹没。

场景：把一些自己看到过的岛屿作为场景，海水淹没它们。

4.进口水果产生了寄生虫。

场景：想象在超市里拿起一个水果，里面爬出了寄生虫（这个超市就是属于随机场景）。

5.猩猩在城市里定居。

场景：如果有看过电影《猩球崛起》的话，这个画面就会非常好想起来，就是猩猩在城市里拿枪的画面（这个城市可以做自己的场景，每个人大脑中的城市不一样）。

提示：我们运用随机场景的时候，可以往自己的场景里加一些固定的东西以示区别。经常用的场景会变得非常熟悉，更适合记忆。

下面我们进入记忆健身房，锻炼一下吧！

记忆健身房

训练一（较难★★★★）：请使用实体宫殿尝试记忆以下的词语（最好和例子在不同天去记忆）。

命理	取名	塔罗	列车	小说	翻译	科普
天气	首页	笑话	皇历	血型	星座	交友
生肖	测试	安居	信息化	智力	花瓶	

实体宫殿

记忆健身房

训练二（较难★★★★）：请使用虚拟宫殿尝试记忆以下的数字（最好和例子在不同天去记忆）。

| 8565 | 4214 | 7405 | 6587 | 2545 |
| 3654 | 7522 | 1474 | 4565 | 8798 |

虚拟宫殿

第4节 >>> 如何创建黄金记忆宫殿

什么是黄金记忆宫殿？首先，它得是记忆宫殿；其次，我们在用它们来记忆时准确度和速度都很高。黄金记忆宫殿主要用来高速记忆一些我们想记的内容。用武林中的话语去表述，就是比武的时候，选出高手中的高手去参加比武，而黄金记忆宫殿就是高手中的高手。

在我们创建黄金记忆宫殿之前，必须至少拥有20个房间的记忆宫殿，再通过反复训练，在符合原则的基础上，寻找并打造出我们要的黄金记忆宫殿。

一、准确度

创建了自己的记忆宫殿后，我们要一组、一组地去熟悉它们。我们可以通过不同的材料去训练，比如，数字、词语、句子、英语单词、文章片段等，将它们放在我们的记忆宫殿当中去训练。

假如我们使用数字来训练某一组的记忆宫殿，几乎没有出错，如此训练一个月的时间，这一组宫殿的出错率点是最低，甚至没有出错，那么我们可以确定这一组记忆宫殿对于数字类型的记忆非常有效，那么它符合了黄金记忆宫殿的第一个要求，就是准确度。

不同类型的素材在不同组记忆宫殿当中的记忆准确度不一样，所以我们也需要分组记录记忆宫殿，以方便选用。当我们刷新了很多组之后，可以确定。

例如，准确度分组：

数字类记忆：房间1和房间2

文字类记忆：房间3和房间4

英语类记忆：房间5和房间6

每一个房间中都必须至少具备10个地点桩。

通过准确度基本可以确定黄金记忆宫殿的类型分组了。

二、速度

当我们通过自己的20组记忆宫殿来训练，就会发现，有很多组的准确度非常高，我们对这些房间反复训练的同时，发现有其他的组也开始变得准确起来，就也可以将那些组进行归类。随着我们的训练，每一组的速度都会有提升，但当我们速度提升的时候，有些组的出错率增加，那些组就不太适合成为黄金记忆宫殿。所以选择黄金记忆宫殿，也相当于是做一个淘汰的动作，在这个训练的过程中，不断地择优选择，选择高速度下的高准确度。

还有一种可以帮我们更容易产生黄金记忆宫殿的动作，就是刚开始的寻找记忆宫殿的步骤。必须要符合以下4点。

1. 地点桩距离我们视角必须有1米左右，我们能将地点桩完全收入眼中。

2. 地点桩上最好有一些代表性的物品，尽量不要选平平无奇的。

3. 地点桩要按照顺时针或者逆时针的顺序找，这个每人不一样，根据自己的习惯来。

4. 尽量不要在一条直线上，这样的点容易忘。

下面我们进入记忆健身房，锻炼一下吧！

记忆健身房

训练一（简单★）：建立黄金记忆宫殿必须满足什么样的原则？

_____

_____

训练二（简单★）：如果想更快地拥有黄金记忆宫殿，应该在寻找的时候注意什么点？

_____

_____

本章总结

一、记忆宫殿的起源

记忆宫殿确实存在，并且像硬盘一样，可以储存内容，只要我们在大脑中建立起庞大的记忆宫殿，我们就可以记忆无限的内容。

二、记忆宫殿的原理

记忆宫殿的记忆原理是利用人类的内视觉记忆，而内视觉就是通过想象在脑海中看到虚拟画面。

三、记忆宫殿的建立

记忆宫殿分为实体宫殿和虚拟宫殿。实体宫殿可以在我们比较熟悉的地方去寻找。而虚拟宫殿相对容易创建。制作虚拟宫殿图片的5个渠道：虚拟实景图、3D游戏内的场景、3D室内设计图、卡通动漫场景、电影场景。

四、如何创建黄金记忆宫殿

创建黄金记忆宫殿，其实就是从我们本身已经有的记忆宫殿中去寻找黄金记忆宫殿。黄金记忆宫殿具备准确度和速度两大特性。在我们平时的训练中按照原则，确定自己的黄金记忆宫殿，那么它就可以将我们想记的任何内容记忆得非常清晰。

第十章

修炼超级大脑

第1节 >>> 大脑记忆力的开关——心态

我们知道，心态对于大脑非常重要，而好的心态当中，积极乐观尤为重要！大脑喜欢充实快乐的人生，当我们正面思考时，大脑会全力支持；而无缘无故地陷入消极的精神状态时，大脑就会拒绝工作。

一、积极乐观

当你满心愉悦，正向地思考事情时，你会更容易产生各种创意；相反，若是变得消极，就会想不出半点创意；若是嫌弃自己的大脑"怎么这么笨"，大脑就会闹别扭，不愿工作。当心中觉得"我是个没用的人"，丧失自信时，大脑就会罢工。因为大脑讨厌负面的生活态度。积极乐观的心态不但可以让大脑有好的状态，发挥最佳水平，还能让大脑指挥身体发挥最佳状态。

邓亚萍从小就酷爱打乒乓球，她梦想着有朝一日能够在世界赛场上大显身手，却因为身材矮小、手腿粗短而被拒于国家队的大门之外。但她并没有气馁，而是把失败转化为动力，苦练球技。让我们来看一下她是如何以持之以恒的努力催开了梦想的花蕾的。

身高仅150厘米的邓亚萍似乎不是打乒乓球的材料，5岁时就开始学打乒乓球，因为个子太矮被河南省队排除在外，只好进入郑州市队。但她凭着苦练，以罕见的速度、无所畏惧的胆色和顽强拼搏的精神，10岁时，就在全国少年乒乓球比赛中获得团体和单打两项冠军，后加盟河南省队，1988

年被选入国家队。她13岁就夺得全国冠军，15岁时获亚洲冠军，16岁时在世界锦标赛上成为女子团体和女子双打的双料冠军。1992年，19岁的邓亚萍在巴塞罗那奥运会上又勇夺女子单打冠军，并与乔红合作获女子双打冠军。1993年在瑞典举行的第四十二届世乒赛上，她与队员合作又夺得团体、双打两块金牌，成为名副其实的世界乒坛皇后。

邓亚萍的出色成就改变了世界乒坛只在高个子中选拔运动员的传统观念。国际奥委会主席萨马兰奇也为邓亚萍的球风和球艺所倾倒，亲自为她颁奖，并邀请她到洛桑国家奥委会总部做客……

所以，当大脑积极正向的时候，我们就会迎来梦想的实现，不管多么大的困难，都能克服。

积极正向，我们的大脑就会很开心，每天都很幸福，将来也会一片光明。因此，要心想"我要活得更快乐！因为我的大脑会全力支持我。"经常如此暗示自己，也会帮助大脑变得更加聪明。

二、逆境中的压力

每个人的人生道路不可能是一帆风顺的，都会有遭遇坎坷、工作辛苦、事业失意的时候，说得更直接一点儿，每个人从出生那一刻开始，就注定了你会遇到各种的事情，一些困境和遭遇会使你压力倍增。如果你承受不住这样的压力，就会变得消极，提前向命运低头，甚至从此一蹶不振。

压力是双刃剑，它可以一剑封喉，也可以救人于危难之中。压力过大可能压垮人，压力太小没有危机感，所以我们要控制压力，让压力变得适中，而不是让压力来控制我们。如果我们有这样的意识，足够坚强，我们就会更加愿意去经历这些逆境。

有人把逆境看作一种人生挑战，在压力的促使下，他能充分发挥自己的能力，从而发现自己的潜能，肯定自身的价值。还有一些人好像就是为逆境而生的，一帆风顺的时候，他就会提不起精神；而一旦遇上逆境，有了压力，他的精神就会变得抖擞起来，像换了一个人似的。

曾经有人做过这样一个试验，把100个人分成两个组，让第一组的人处在舒适的环境下，有大轿车接送，可以打牌、打高尔夫球、吃西餐，总之，只要是他们需要的，就一定给予满足。而第二组让他们无论干什么都遇到重重障碍。这样过了6个月，第一组的人整天精神疲倦，昏昏欲睡；而第二组的人却斗志昂扬，提出了不少好的建议。

逆境的压力也许是社会的一种选择机制，能够通过考验的人就会脱颖而出，走上成功的人生之路。因此，逆境常常成为人生的一道分水岭；有的人被逆境压力打垮，从此消沉；而有的人从逆境中崛起，其人生和事业就此进入了一个全新的境界。

股票界的巨头约瑟夫·贺西哈是一个从贫民窟中走出来的人，贫穷苦难的童年使他尝尽了生活的辛酸。他始终相信，只有经历了苦难，才能够取得成功，正是犹太人的忧患意识成就了这位巨头。让我们来看看他是如何面对困难，如何去奋斗的。

8岁时一场大火袭击了他的家，从此他变成了一个小乞丐，兄弟姐妹们相继被领养。当一对老夫妇要领养小约瑟夫的时候，小约瑟夫才从梦中惊醒，"我决不离开妈妈，我不能丢下妈妈不管。"

他来到纽约，回到了母亲的身边，这里的新事物让他大开眼界。但是还没等小约瑟夫看够这个世界，他就被母亲带到了一个相反的世界——纽约布鲁克林区肮脏的贫民窟。苦难并没有就此停止，母亲不幸被烧伤，被送进医院乱哄哄的大病房……苦难磨砺着约瑟夫，但他从未放弃。17岁的他用255美元开始了他的事业。最初，他的事业还挺顺利，赚到了16.8万美元。然而，他又因买下了由于战争结束而暴跌的钢铁公司的股票变得仅剩下4000美元。经过这次变故，约瑟夫明白了，没有永久的财富，只有依靠智慧，时刻都要保持忧患的意识。最终，他凭着对股票生意的天赋变成了股票业的巨头。

由此可见，只要我们勇敢去面对逆境中的压力，它就能变成我们的好朋友，并让我们更有动力去面对遇到的困难，大脑就需要这样的朋友！

第2节 >>> 大脑高效工作的秘诀

睡眠对人类而言极其重要。良好的睡眠不但可以增强体质，还可以抵御疾病的侵袭，对我们大脑的益处更是不言而喻的。那我们对睡眠了解多少呢？接下来，我们来了解下睡眠和梦的机制，建立起对睡眠的认知。

我们的睡眠分为"REM睡眠"和"NREM睡眠"两种模式。这两种睡眠模式早已广为人知，想必也有许多人了解这两个专业术语。

人的睡眠一般由浅睡眠和深睡眠周期反复交替，一个周期大约持续90分钟。当人处于浅睡眠期时，虽然本人已经睡着了，但是眼球会无意识地快速转动，这种睡眠状态叫作"快速眼球运动"，即"Rapid Eyes Movement（REM）"。若是测量REM睡眠时的脑波，几乎与醒时一样，证明大脑正在运作。与此相对，当身体完全放松，处于深睡眠、休息的状态就是"Non-Rapid Eyes Movement（NREM）"阶段。这时测量脑波，会呈现平稳的波形，显示大脑正在休息。反倒是身体相当好动，翻身、踢被子都是在NREM睡眠模式中发生的。

REM睡眠和NREM睡眠会交互进行。一旦进入睡眠，会先进入NREM睡眠70分钟左右，然后换成REM睡眠约20分钟，接着又进入NREM睡眠，如此反复。

REM状态下的大脑持续工作，曾经有人说"做梦是因为浅睡眠"，这个说法是正确的。以大脑的活动状态来说，REM睡眠是浅睡眠，NREM睡眠是深睡眠。而从身体的角度来说，REM睡眠是深睡眠，NREM睡眠是浅睡眠。总而言之，大脑和身体的浅睡眠和深睡眠正好相反。

当我们睡着时，浅睡眠和深睡眠会反复交替多次（一般为4~6次）。一旦达到了充足的睡眠时间，我们就会在浅睡眠期结束时自然地醒来。但是如果在深睡眠期被闹钟强行叫醒，那么醒来后我们的心情就会非常糟糕，精神也会比较恍惚，而且这种意识模糊不清的状态会持续一整天，让人非常难受。如果这样的状况发生在考试当天或者面试当天，那可就太糟糕了。

REM睡眠时的大脑正在整理记忆，所以具有学习效果。这时候，大脑有着比醒着的时候更为有效的惊人专注力。

以下两点可以证明：

第一，REM睡眠时的大脑，会关闭对身体下指令的开关，因此能够更集中于"整理记忆"这项工作。

第二，因为进入睡眠，所以人看不见现实世界的任何事物。听觉、触觉、嗅觉都在休息的状态，并不会像清醒时那么敏锐；而味觉在此时完全关闭。

REM睡眠时的大脑，不会接收到新的信息，只专注于整理记忆、重现记忆等工作，所以这是一个专属于大脑的工作时间。

为了能头脑清醒地度过一整天，最稳妥的办法就是让自己能在适当的时间醒过来。每个人的睡眠周期都不相同，因此把握好自己的节奏非常重要。当然，平时也要建立并维护好正常的生物钟，尽量让自己每天都有充足的睡眠。

第3节 >>> 黄金时间学习法

通过前面的学习，我们知道了睡眠的作用。接下来，我们将学习两种学习方式，睡前黄金时间学习法和早起黄金时间学习法。

一、睡前黄金时间学习法

若在睡前学习，睡觉的时候大脑就会对信息进行整理，所以我们可以利用这一点帮助自己更好地记忆。但这里包含了很多技巧。

睡前速记

曾经有一位朋友找到我说，想记歌词，想问有什么特别好用的方法或技巧，重点要求简单好学。以下就是我和朋友之间的对话：

朋友："少波，我特别喜欢唱歌，但是歌词老是记不住，不知道你有没有背歌词的好方法？我想记住歌词，这样，我就不管在哪儿都能轻松唱歌了，也不怕忘词。"

少波："有啊，特别简单，有一个技巧，特别适合懒人，就是先把歌词抄下来，在睡前浏览几次。可以边哼唱边看，也可以只在脑中哼唱。"

朋友："睡前是指在床边学习吗？"

少波："可以在床边，也可以坐床上，还可以买个小桌，适合在床上睡前学习。"

朋友："听着歌曲背歌词，是这样吗？"

少波："你可以戴着耳机边听歌，边背歌词，但是在睡前这么做，对大脑的刺激太强，所以建议你不要，睡前轻松地学习，更为有效。"

朋友："好的，我试试看。"

后来，朋友打电话给我，告诉我他全记住了。"我一字不漏地把歌词全部记住了。我去KTV唱歌，不看歌词也能唱，太酷了，真是太感谢你了。"

之后我了解到，朋友按照我的建议，在睡前一边看自己抄写的歌词，一边在脑海哼唱，反复练习，直到睡意来袭，就自然地去休息。早上确认是否记得，并利用洗漱的时间不看歌词地哼唱，结果清清楚楚地记住了歌词。

当然，也不仅是早上记得，工作间隙回想时也没忘记。

朋友说他自己尝试了好多次都记得。后来，他花了很多天的时间，换了些歌曲尝试背诵，结果都很快背下来了，如此一来，就可以尽情高歌了。

这种方法就是睡前黄金时间记忆法，它不仅有助于背歌词，对于记住其他内容也非常有效。

当然，睡前黄金时间记忆法还包含一些工具，接下来我会介绍这些工具。

第一个神器——床头灯。淡黄色的灯光有助于睡眠，而偏白色的灯光有助于学习，所以我们可以根据情况去选择不同的灯光。相信现在每个人的卧室都应该有不同的光源可以选择，如果没有，可以去网上采购。

第二个神器——便笺纸/卡片。这是用来记下突然来的灵感创意或者睡前的一些事情的。我会把第二天要做的重要的事情，写到便笺纸上。就方便性而言，便笺纸会更胜过笔记本。

我们可以把要记住的内容写在便笺纸或者卡片上，因为便笺纸较小，所以我们就不得不缩略地写，并在睡前一分钟快速浏览复习。

有些人也许会偷懒，用电脑打印好便笺纸或者卡片。我想说的是，自己动手写，会有个加工信息的过程，更能增强记忆。此外，便笺纸方便携带在身边复习。

出于便携的目的，如果选用的是卡片，最好是能够放进衣服胸前口袋的尺寸。

第三个神器——彩色笔。把想到的事情随时随地地记录下来。准备不同颜色，是为了区分重点。重点的部分用红色笔来写，非重点则用黑色。

第四个神器——录音笔，当然没有录音笔的话可以用手机来代替。懒得写字的时候，可以直接录音，这样可以省时省力。建议大家事先录制想要记住的内容，睡前就可以边听边复习了。

第五个神器——字典。当然，现在很多人不用字典，因为网络搜索已经十分方便了。这个看自己的情况，如果有纸质的字典当然最好，可以减少自己和电子设备接触，可以更好地自律。如果实在没有，也可以用电子设备代替下。阅读书报杂志的时候，如果遇到一些不确定的字词以及术语，都可以进行查证。查找的过程可以给大脑非常好的刺激，加强记忆效果。

第六个神器——记事本/日记本。我一般把它放在枕边，用来记录一天的行程、未来的行程以及复盘。

日记本虽然名为"每日一记"，但对于我们的记忆是非常有帮助的，尤其是当我们复盘的时候。这里不建议用电子设备记录，虽然现在电子设备很发达，但是代替不了书写。

准备好六个神器后，钻进被窝，或者坐在床边，然后准备入睡前最后的学习。然后心里想："睡觉吧！"

睡前的学习要微小、精略、简短。

"微小"是指不要给自己安排很多学习任务，只限于微量地念书、微量地复习、微量地浏览。

"精略"是指不管做什么都要以精悍、概略的形式进行。不需要全部记住，而是维持"记住重要部分"这种情况。

"简短"是指在短时间内就结束。注意，不要"一不小心就花了一段时间"。掌握原则，目标时间是一分钟左右。

然而，实际执行时，一分钟有可能变成两分钟、三分钟，但最长不能超过三分钟，即使是偶尔破例，也不要超过四分钟。这个原则必须严格执行。

经典三问提升"自然记忆力"

自然记忆力和使用记忆法不一样，自然记忆是建立在个人积极向上、对未来有憧憬的基础上，有理解、有逻辑地自然记住一些事物，这些事物大脑非常喜欢，也非常欢迎，会把它收藏在记忆库的重要位置。自然记忆法也可以运用在各种考试中。做法很简单，在念教科书或参考书时，经常自问"为什么""目的是""如何做"，一面思考，一面往下阅读。我将"为什么""目的是""如何做"命名为"经典三兄弟"，在备考过程或者学习的过程中，总会不断地以这三兄弟自问自答。

"经典三兄弟"是加强理解的"催化剂"。就像是一边催眠自己"理解才能记住"，一边继续念书。如果没有仔细理解想记住的内容，绝对记不起来。

在记忆的知识中，"理解"是大脑经过分析后产生的对事物本质的认识，就是通常所说的"知其然，又知其所以然"。"理解"不是为了通过考试而暂时掌握知识，必须跨越"忘记/不忘记"这个层次，让知识累积在大脑中，并积极运用，以便在某个时刻派上用场。

理解之后，记忆知识不再难，不但能够牢记，还能让学习变成一件快乐的事，人也会变得越来越积极，甚至会觉得自己的人生特别有价值。这么一来，大脑就会更积极地工作。

在睡前一分钟复述无论如何都想记起来的事，或是抄写笔记，这些行为都必须建立在"已理解"的前提下。

如果自己认为很重要，那么大脑就会记得。这可以说是自然记忆的一种模式。所以睡前可以使用"经典三兄弟"来考察自己对知识的熟记程度。

二、早上时间黄金学习法

当我们一夜睡好，早上起来头脑清静，思路清晰，记忆效率也会较高。此时可以安排难度大的攻坚内容，如外语、定律、历史事件等。即使有时强记不住，大声念上几遍，也会有利于记忆。

大声读书有利于理解和记忆知识；倾听自己的声音，能给自己带来自信，眼、耳、手、口、脑各种记忆器官的综合运用，有利于良好学习习惯的形成。

长久坚持，形成习惯，就能让量的积累带来质的飞跃。

本章总结

一、大脑记忆力的开关——心态

保持积极乐观的心态，能够让大脑的状态更好。

二、大脑高效工作的秘密

良好的睡眠可以帮助大脑高效地工作。了解REM和NREM两种睡眠阶段的大脑运作机制，会对提高记忆力有很大的帮助。

三、黄金时间学习法

睡前黄金时间学习法和早上黄金时间学习法是两种可以迅速提高我们学习效率的方法。

终极大测试

经过这么多天的学习，请一定要鼓励一下自己，奖励自己一个礼物。

好了，该看看你的进步了。下面我会给出一些测试，它们与本书开头的练习非常相似，只不过内容有所不同，难度有所增加。现在，请你深呼吸，放松并集中自己的注意力，运用我前面所讲授的超级记忆方法和技巧把这些资料完整地记忆下来。

我相信，只要你坚持练习本书中讲到的这些技巧，认认真真地完成每项练习，你的记忆水平就会得到大幅提升。在做完测试练习之后，我还为你准备了一些拓展练习（这些练习跟世界脑力记忆锦标赛中的题目非常接近）。如果你发现这些练习有些困难，不要灰心，因为它们本来就很难！我相信，只要加上一点儿练习，你很快就会对自己的记忆力充满自信！

记住，这些测试只是衡量你应用记忆技巧的能力。我们的目的并不是记住某串数字或单词，而是提高你的记忆能力，以便你能更好地应对学习或工作中的记忆难题。很多学员告诉我，这些技巧方法不仅提高了他们的记忆力，更增强了他们的自信心，这便是本书的意义所在。

开始吧，你会被自己所取得的成绩而惊呆的。

测试1：用3分钟的时间记忆下面的30个生僻词汇。你可以用锁链法记忆，可以用身体定桩法记忆，或者记忆宫殿去记忆，由你自己选择。完成后将这30个词汇盖住，把对应的词汇默写在下面的横线上，开始吧！

1. 带领　　2. 风格　　3. 游泳　　4. 结合　　5. 你中有我

6. 地球村　　7. 至今　　8. 梦之队　9. 跻身　　10. 忧患

11. 独孤求败　12. 称霸　　13. 剑客　　14. 碰壁　　15. 除非

16. 包揽　　17. 魅力　　18. 逐渐　　19. 蔚为大观　20. 潮水

21. 披金夺银　22. 主教练　23. 项目　　24. 登顶　　25. 奥林匹克

26. 梦想　　27. 传统　　28. 本色　　29. 加冕　　30. 优势

请按顺序写下答案（正确1项计1分）：

_____

_____

_____

_____

_____

_____

你的得分是：_____ 分

测试2：用3分钟时间记忆下面的40个数字（从左到右）。每答对1个数字（包括顺序）得1分，混淆2个数字的位置扣2分，如果后续答对，则继续得分，能记几个记几个，注意用复习原则哦！

5678　　6584　　1548　　3548　　6521

9647　　6354　　8505　　7963　　5864

你的得分是：_____ 分

如果得分超过15分，说明你已经小有收获了。继续练习，直到你能轻松记住40个数字。如果得分不太理想，也没有关系，继续练习，熟能生巧，相信自己，你一定可以做得到！

测试3：请用10分钟的时间记忆下面10条资料。

1644年　李自成建立大顺政权。

1662年　郑成功收复台湾。

1673年　三藩之乱开始。

1916年　袁世凯恢复帝制失败。

1919年　五四运动爆发。

1949年　中华人民共和国中央人民政府成立。

1950年　中国人民志愿军开始抗美援朝。

1951年　西藏和平解放。

1940年　百团大战爆发。

1941年　皖南事变发生。

请按顺序写下答案（正确1项计1分）：

袁世凯恢复帝制失败。　　　　　　　　　　时间：_____

五四运动爆发。　　　　　　　　　　　　　时间：_____

中华人民共和国中央人民政府成立。　　　　时间：_____

中国人民志愿军开始抗美援朝。　　　　　　时间：_____

皖南事变发生。　　　　　　　　　　　　　时间：_____

西藏和平解放。　　　　　　　　　　　　　时间：_____

百团大战爆发。　　　　　　　　　　　　　时间：_____

郑成功收复台湾。　　　　　　　　　　　　时间：_____

李自成建立大顺政权。　　　　　　　　　　时间：_____

三藩之乱开始。　　　　　　　　　　　　　时间：_____

你的得分是：_____分

测试4：用10分钟时间，记忆下面10条文字资料。

1. 正值冬小麦春灌时节，田间地头看节水农业。

2. 专家说黑匣子不好找，关键信息将解密事故原因。

3. 核酸检测指南修订："全员"变"区域"。

4. 新冠病毒抗原检测试剂临时性纳入基本医保。

5. 转基因水稻在安徽合肥问世。

6. 疫情防控下多种方式帮菜农打开销路。

7. 民航局工作组抵达广西梧州指导现场救援。

8. 北京冬残奥会火种采集仪式在望京街道温馨家园举行。

9. 中国企业再次大量收购欧洲企业。

10. 居民身份证制度开始实施。

请按照顺序写下答案（正确1项计1分）：

1. _____

2. _____

3. _____

4. _____

5. _____

6. _____

7. _____

8. _____

9. _____

10. _____

时间：_____

你的得分是：_____分

测试5：用5分钟的时间，记忆下面10个英语单词。

1. ancestor 祖宗   2. fiance 未婚夫

3. greengrocer 蔬菜水果商   4. conductor 指挥

5. molecule 分子   6. extinguisher 灭火器

7. detective 侦探   8. butcher 屠夫

9. tutor 家庭教师   10. peasant 农民

请按照顺序写下答案（正确1项计1分）：

1. _____　　2. _____

3. _____　　4. _____

5. _____　　6. _____

7. _____　　8. _____

9. _____　　10. _____

时间：_____

你的得分是：_____分

将所有的得分加起来，和你第一次测试的成绩进行比较，你就会发现自己的进步非常大！

希望你在这段记忆的旅程中能有很大的进步，但我不希望你把这本书看完了以后，就停下前进的步伐。学以致用是我对你最真诚的期望。不管这次终极测试成绩如何，都没有关系，因为这只是一个中间过程。我希望你能继续坚持使用方法和技巧，相信在未来的时间里，你会发现记忆法给你带来不同寻常的帮助！

高级记忆训练（拓展）

测试1：给你5分钟时间，尽可能多地按顺序记住下面的词汇（可任意选择一个表格）。答题时间不受限制。每答对1个词语（包括顺序）得1分，30分以上为良好，30分以上为优秀。最高成绩是100分。

中文词汇1

01命理	21精力	41商品	61甜头	81翻身
02取名	22密集型	42雏形	62眉毛	82新篇章
03塔罗	23外资	43行当	63出路	83世界杯
04列车	24脑海	44打破	64剩余	84锦标赛
05小说	25扎根	45羡慕	65农业	85光辉
06翻译	26开始	46转变	66排球	86所以
07科普	27概念	47鄙夷	67大款	87出现
08天气	28牌坊	48个体户	68打闹	88气候
09首页	29暗恋	49宗教	69最初	89权益
10笑话	30AA制	50分配	70成本	90保障
11论坛	31澳门	51按揭	71经济	91吓唬
12黄历	32电子商	52虚拟	72缺陷	92地摊
13血型	33扩大	53发展	73免疫	93赶紧
14星座	34通货	54紧缩	74减负	94流行语
15交友	35民族	55社会	75犯罪	95综合征
16生肖	36情况	56可持续	76网络	96艾滋病

续表

17测试	37治安	57领土	77辅助	97阿Q
18安居	38素质	58同胞	78内需	98应试
19信息化	39三角债	59当局	79西部	99购物
20智力	40分流	60豆腐渣	80分割	100空间

中文词汇2

01火山	21热情	41如果	61稍后	81盛行
02座右铭	22拼搏	42防火墙	62代理	82新人类
03百世	23体育界	43服务器	63无法	83市场
04士气	24红唇	44保护	64暂时	84迷惑
05鼓舞	25站点	45授权	65重试	85消遣
06推崇	26惩罚	46网络	66确认	86眼红
07五连冠	27强烈	47祝贺	67便宜	87温柔
08奋斗	28音乐	48七弦琴	68表述	88地位
09无言	29至善	49大惊	69但是	89昨天
10文化	30樵夫	50隐士	70高山	90口袋
11飘渺	31书摊	51无赖	71分明	91降落
12结局	32连环画	52城市	72领悟	92班级
13起点	33仿佛	53困难	73始终	93法术
14责任	34突变	54中午	74陌生	94黄昏
15猛然	35纯净	55某次	75家乡	95老大爷
16孤独	36恐龙	56艰难	76责任	96恭敬
17行为	37潜水员	57愉快	77灌水	97姜子牙
18抓狂	38蟑螂	58最佳	78重量	98水母
19刺激	39青蛙	59其实	79水仙	99悲凉
20斑竹	40版块	60水桶	80上海	100居然

测试2：给你5分钟时间，尽可能多地按顺序记住下面的数字。每答对1个数字（包括顺序）得1分，30分以上为良好，30~50分为优秀，50分以上，你就有希望成为记忆冠军了。

1	1	9	3	1	5	9	3	7	4	3	8	5	3	7	4	7	3	4	2	4	9	2	6	3	3	3	9	7	7	1	9	8	0	9	4	4	2	6	8	Row1
1	9	3	6	0	5	7	6	2	8	7	9	0	4	2	9	3	6	8	2	9	2	8	1	5	6	9	6	0	6	4	5	0	2	6	1	5	6	9	6	Row2
0	1	1	5	7	6	7	4	7	2	2	7	9	3	1	2	7	4	7	4	4	7	4	5	7	9	7	8	0	7	2	3	9	3	1	7	3	1	0	1	Row3
9	9	3	1	6	6	3	1	6	9	4	9	2	2	6	7	6	4	7	0	3	3	4	2	0	6	0	5	8	5	3	7	8	8	0	4	8	4	4	3	Row4
8	3	0	2	7	3	7	7	1	6	1	9	0	6	8	2	4	2	6	0	3	3	8	4	1	4	2	9	5	3	5	9	6	6	5	9	6	9	0	6	Row5
7	7	5	2	8	5	6	0	5	7	4	3	8	6	1	3	6	4	4	9	7	2	1	9	1	0	3	8	7	6	8	3	2	2	6	6	2	5	9	1	Row6
5	2	9	8	2	3	1	7	6	4	0	6	2	4	6	0	5	3	9	8	2	0	0	9	5	2	3	7	9	6	4	6	1	7	6	7	4	9	1	9	Row7
0	1	1	3	0	5	1	5	6	7	7	8	3	3	4	9	4	7	8	0	5	1	1	3	4	7	9	1	4	5	9	1	0	7	4	0	3	7	2	2	Row8
4	6	3	4	7	9	2	2	1	5	3	7	5	8	6	9	5	8	8	1	2	3	7	5	0	2	9	0	7	2	3	4	6	0	9	7	0	0	3	8	Row9
4	2	0	8	8	5	6	2	1	0	9	0	3	9	8	7	0	8	8	4	6	3	4	9	7	4	4	6	6	4	3	8	3	0	5	4	1	8	5	6	Row10
9	4	1	4	1	2	2	8	3	5	6	8	0	2	4	3	4	3	3	2	5	6	7	1	9	1	1	4	6	4	1	3	3	4	3	0	6	3	0	2	Row11
5	3	0	9	5	2	0	3	8	7	0	8	8	0	2	8	0	3	1	0	1	2	4	1	2	5	9	0	2	0	0	9	1	3	1	1	1	7	0	2	Row12
8	2	7	5	9	8	5	3	2	7	5	7	6	7	9	2	5	3	4	8	5	1	4	1	5	1	9	9	8	7	5	3	0	7	9	0	7	2	3	9	Row13
7	6	0	2	7	7	8	6	3	1	0	6	6	8	7	6	1	6	0	2	1	6	1	9	0	9	7	6	2	4	2	5	6	1	4	7	7	5	2	3	Row14
6	5	7	6	1	8	2	7	2	4	2	6	8	6	9	1	3	2	0	1	6	8	8	4	5	1	5	6	3	6	4	4	4	4	4	4	9	7	0	1	Row15
5	9	7	2	9	7	9	1	5	5	6	9	4	3	4	0	8	2	5	3	4	8	9	6	7	0	2	0	8	6	2	4	1	2	4	8	7	5	8	8	Row16
7	7	0	9	1	4	6	1	4	7	0	4	5	5	3	3	0	0	0	7	4	5	5	8	2	6	4	2	2	4	7	1	9	0	1	7	0	1	8	4	Row17
4	4	2	2	8	5	2	7	1	3	0	3	8	0	2	1	7	8	1	5	3	6	9	9	0	9	8	4	4	1	8	7	2	2	6	2	7	5	1	3	Row18

测试3：给你5分钟时间，记住以下二进制数字，每答对1个二进制数字得1分。30分为及格，30~60分为良好，60分以上为优秀。

1	1	1	0	0	0	0	1	1	1	1	0	0	1	0	0	1	1	0	1	0	1	0	1	1	0	0	0	0	1
1	0	0	0	0	1	0	1	1	1	0	1	0	0	0	1	0	1	0	0	1	1	0	0	1	1	1	0	0	0
0	0	0	0	1	1	1	0	1	0	1	1	1	1	1	1	0	0	0	1	1	0	1	1	0	0	1	0	1	
0	0	1	1	0	1	1	1	1	0	0	1	0	1	0	0	0	0	1	0	0	0	1	1	1	1	1	1	1	1
0	1	1	0	0	1	0	0	1	1	0	0	1	1	1	0	0	1	0	1	1	1	1	1	1	0	1	0	0	
1	1	1	0	1	1	1	0	1	0	0	0	0	1	1	0	0	0	0	1	1	0	0	1	0	1	0	1	0	1
0	1	0	1	1	0	1	1	1	1	1	0	0	1	0	1	0	1	0	1	0	1	0	0	1	1	0	1	0	1
1	0	0	1	1	0	1	0	1	1	0	1	1	0	0	1	0	1	1	1	0	1	1	0	1	0	1	0	1	0

附　录

数字编码表

数字	编码	依据	数字	编码	依据
0	鸡蛋	形似	18	腰包	谐音
1	蜡烛	形似	19	衣钩	谐音
2	鹅	形似、谐音	20	恶灵	谐音
3	耳朵	形似	21	鳄鱼	谐音
4	帆船	形似	22	螃蟹	形似
5	钩子	形似	23	和尚	谐音
6	勺子	形似	24	鹅卵石	谐音
7	拐杖	形似	25	二胡	谐音
8	葫芦	形似	26	水流	谐音
9	酒	谐音	27	耳机	谐音
10	棒球	形似	28	恶霸	谐音
11	梯子	形似	29	恶狗	谐音
12	椅儿	谐音	30	三轮	谐音
13	医生	谐音	31	鲨鱼	谐音
14	钥匙	谐音	32	扇儿	谐音
15	鹦鹉	谐音	33	闪闪	谐音
16	窑炉	谐音	34	绅士帽	谐音
17	仪器	谐音	35	珊瑚	谐音

数字	编码	依据	数字	编码	依据
36	山鹿	谐音	60	榴莲	谐音
37	山鸡	谐音	61	儿童	逻辑
38	蒜瓣	谐音	62	牛儿	谐音
39	三角尺	谐音	63	流沙	谐音
40	司令	谐音	64	流石	谐音
41	蜥蜴	谐音	65	锣鼓	谐音
42	柿儿	谐音	66	溜溜球	谐音
43	石山	谐音	67	油漆	谐音
44	嘶嘶	谐音	68	喇叭	谐音
45	师傅	谐音	69	漏斗	谐音
46	石榴	谐音	70	麒麟	谐音
47	司机	谐音	71	鸡翼	谐音
48	石板	谐音	72	企鹅	谐音
49	狮鹫	谐音	73	花旗参	谐音
50	武林盟主	谐音	74	骑士	谐音
51	扫把	逻辑	75	西服	谐音
52	斧儿	谐音	76	气流	谐音
53	武僧	谐音	77	机器（人）	谐音
54	武士盾	谐音	78	气泵	谐音
55	火车	谐音	79	气球	谐音
56	蜗牛	谐音	80	巴黎（铁塔）	谐音
57	武器	谐音	81	白蚁	谐音
58	尾巴	谐音	82	靶儿	谐音
59	蜈蚣	谐音	83	花生	谐音

数字	编码	依据	数字	编码	依据
84	巴士	谐音	97	酒器	谐音
85	白虎	谐音	98	球拍	谐音
86	八路	谐音	99	舅舅	谐音
87	白旗	谐音	00	望远镜	谐音
88	泡泡	谐音	01	灵药	谐音
89	芭蕉	谐音	02	铃儿	谐音
90	精灵	谐音	03	三角凳	谐音
91	球衣	谐音	04	零食	谐音
92	球儿	谐音	05	林木	谐音
93	救生圈	谐音	06	手枪	谐音
94	教师	谐音	07	琴	谐音
95	酒壶	谐音	08	篱笆	谐音
96	酒楼广告牌	谐音	09	菱角	谐音

后　记

历经数月之久，我终于写完了这本书，如释重负。回想起自己关于记忆的经历，不禁感慨万千。写这本书时心里始终伴随不安，每次一提笔，写一段话，就会感觉哪里不对，总是担心它不够完美。

我总想着把更多的内容和技巧讲述给大家，总想把每个知识剖析得更加详细，但有时候就会写到毫无思绪。

当你看到这篇后记的时候，相信你也已经读完了这本书。通过了解大脑运行规则，确实可以提高我们的学习效率。或许有人会感慨"要是我读书的时候就学会这些，会不会不一样？"也会有人觉得"很好，一直以来我的学习方法都没有错！"他们终于为自己以前总觉得很不错的学习方法找到了科学根据，从而变得更加自信。

本书写了很多的专业知识，可能你无法完全理解，但是每个知识点之间是相互关联的。如果单独阅读其中的某个知识点，难免会有些难以理解。只有全面、系统地理解整个知识体系，才能在大脑中构建出整个记忆方法和大脑规则理论体系。

所以，希望你可以认真阅读，用敬畏之心来学习完整本书的知识内容。限于我知识水平有限，有些读者可能会感到失望。但我还是努力把整个记忆方法的体系尽可能详细地展现给大家。无论如何，我希望通过此书，至少能让大家真正地了解大脑的规则以及科学的记忆方法，能有所收获，那么对于我而言，就是莫大的成功了。

不要把记忆方法当成学了就能过目不忘的工具，而是要把它当成提高学习效率的工具，通过不停反复地训练，才能把知识变成能力。只要积极地持续努力，大脑就不会背叛我们。这和"赌博"不同，是一定可以看到成果的。越学习就越能切实体会到这一点。

在这里特别感谢在此书的创作和出版中陪伴和帮助我的亲人、朋友们。是你们对我的高度信任，让我每天能够安心创作，让我找到了自己的使命，让我清晰地知道自己应该成为什么样的人。因为你们的支持，我才无所畏惧；你们的鼓励，是我前进的动力。再一次说一声：感谢你们，因为你们，我的人生才会绽放！

感谢恩师郑爱强老师和叶祥文老师以及北京大脑时代教育科技有限公司对我的帮助，让我学会了终身受用的方法，收获了一帮良师益友。

感谢石伟华老师创建"百日十万字"挑战营以及对我莫大的帮助和支持，让我养成自律的好习惯，也达成了写书的大目标。

感谢"百日十万字"挑战营的伙伴们对我的信任和陪伴，让我只用了三个多月的业余时间就完成了书稿。

感谢本书编辑郝珊珊女士对我的信任和支持，才让此书有机会和大家短时间内见面。

感谢本书插画师何琴女士对我的帮助和支持，才让此书表现得更加丰富。

感谢所有帮助过我的朋友们！虽然我在此无法一一署出你们的名字，但请接受我最诚挚的谢意！

感谢正在阅读此书的所有读者，是你们的支持和关注，让我在成就自己的人生之路上迈出了一大步！如果您在阅读过程中发现书中有错误或不当之处，请你与我联系，我一定虚心接受并修正。

最后送大家一句话：

"人生没有彩排，只有现场直播，所以每一件事都要努力做到最好！"